돈키호테는
수학 때문에
미쳤다

돈키호테는 수학 때문에 미쳤다

초판 1쇄 발행 2014년 10월 13일
초판 5쇄 발행 2019년 3월 18일

지은이 김용관

펴낸이 이상순
주간 서인찬
편집장 박윤주
제작이사 이상광
기획편집 김현정, 박월, 이주미, 이세원
디자인 유영준, 이민정
마케팅홍보 이병구, 신희용, 김경민
경영지원 고은정

펴낸곳 (주)도서출판 아름다운사람들
주소 (10881) 경기도 파주시 회동길 103
대표전화 031-8074-0082 **팩스** 031-955-1083
이메일 books777@naver.com
홈페이지 www.books114.net

생각의길은 (주)도서출판 아름다운사람들의 인문 브랜드입니다.

ⓒ2014, 김용관
ISBN 978-89-6513-307-0 03410

김용관

돈키호테는 수학 때문에 미쳤다

괴짜 수학자의 인문학 여행

언제고~ 떨쳐 낼 수 없는 꿈이라면 쏟아지는 폭풍을 거슬러 달리자 ~♬

　그룹 패닉의 노래 '로시난테'의 일부분입니다. 제가 좋아하는 노래
죠. 로시난테를 타고 여행을 떠나는 돈키호테의 모습이 선하게 떠오
릅니다. 초라한 행색이지만 꿈을 이룰 희망에 부풀어 발걸음 가볍게
나아가는 돈키호테! 무슨 일이 벌어질지 모르고 천진난만하게 여행
을 떠나는 그의 모습에 피식 웃음이 납니다.

　라만차의 풍차를 향해 돈키호테는 달렸습니다. 미쳤다고 사람들은
비웃었지만 그는 아랑곳 하지 않고 제 갈 길을 갔죠. 떨쳐 낼 수 없는
꿈이 있었기 때문입니다. 꿈이 있는 사람은 가만히 있지 않습니다. 꿈
을 향해 달려가고, 때로는 쏟아지는 폭풍을 거슬러 나아갑니다. 꿈은

이렇듯 사람을 살아 있게 합니다.

돈키호테처럼 살아 보고 싶습니다. 풍차를 거인이라 우기고, 거인을 향해서 과감하게 질주하고, 무겁고 진지한 시대를 웃음으로 가볍게 넘나드는 돈키호테! 요즘은 보기 드문 존재가 아닐 수 없습니다. 우리가 갈망하는 존재는 천재이지 광인이 아니기 때문이죠. 사물을 달리 본다는 점에서는 둘 다 똑같은데 말입니다.

돈키호테가 사라진 시대, 참 아쉽습니다. 미치광이 한 명이 사라졌다 하면 그뿐이죠. 하지만 경계를 자유롭게 넘나들며, 꿈꾸고 질주하던 능력마저 사라져 버린 것 같은 마음 때문입니다. 우리는 현실의 울타리 안에서만 맴도는 것은 아닌지, 풍차를 풍차로밖에 보지 못하는 것은 아닌지 착잡합니다.

돈키호테는 왜 미쳤을까요? 그는 정상적으로 살아가다 미쳐 버린 '후천적' 광인이었습니다. 기사도 소설에 빠지면서 그렇게 되었죠. 그의 몰락은 시대와 무관하지 않습니다. 그가 살았던 17세기는 근대 문명이 대두되던 시기였습니다. 근대 문명의 토대는 수학이었기에, 돈키호테의 광기와 수학은 어떤 식으로든 관련될 수밖에 없습니다.

돈키호테의 광기는 근대라는 바람에 대한 돈키호테식의 반응이었습니다. 거부한 거죠. 하지만 근대의 바람을 관통한 것으로 볼 수도 있습니다. 계산적이고 분석적인 근대의 민낯을 보고 근대를 넘어서 버린 거죠. 돈키호테의 꿈과 질주는 수학을 거부(anti-mathematics)한 게 아니라 수학을 관통(through-mathematics)해 버린 결과인 것입니다.

문학 작품에는 한 시대를 살아갔던 사람들의 꿈이 녹아 있습니다. 그리고 작가가 꾸었던 꿈이 기록돼 있습니다. 어떤 꿈을 꾸었는지, 그 꿈을 어떻게 이루려 했는지, 결과는 어땠는가를 그 시대의 언어로 적어 놓은 겁니다.

꿈처럼, 문학은 인간의 이성(理性)을 보란 듯이 넘어섭니다. 그렇지만 문학은 분명히 이성을 토대로 하고 있습니다. 이성의 결과물인 지식과 문학은 밀접한 관계가 있습니다. 세상에 대한 지식이 달라지면 문학 또한 달라집니다. 그럼직한 문학이 되려면 지식을 바탕으로 세상을 묘사해야만 합니다. 수학이 어떤 면에서 가장 이성적인 언어라고 한다면, 수학 역시 문학과 관련됐을 게 확실합니다.

이 책은 고대로부터 현대에 이르기까지 서양을 대표하는 20여 편의 문학 작품을 다루면서, 각 작품이 당대의 수학과 어떻게 연결됐는가를 이야기해 보았습니다. 이 작업과 관계된 사실적·문헌적 정보를 참고하려고 했으나 그런 자료는 거의 없었습니다. 추측과 상상력을 동원해 선을 그어 갈 수밖에 없었습니다. 그랬기에 더 재미있고 자유로웠으며 즐거웠습니다.

독자 여러분도 돈키호테와 같은 마음으로 이 책을 읽어 주세요. 가볍고 유쾌한 상상력을 발휘하다 보면 수학이 다른 모습으로 보이는 경험을 할 수 있을 겁니다. 수학이 꿈을 억압하는 게 아니라, 새로운 꿈을 꾸게 해 주는 힘이 되는 신비를 체험해 보세요. 21세기의 돈키호테를 꿈꾸는 이들에게 진심으로 건투를 빕니다.

내 삶의 텃밭을 함께 일궈 준 많은 분들의 도움을 받았습니다. 돈키호테와 같은 이웃이죠. 특히 '수다수학회'! 수다수학회는 수다로 수학을 즐겨 보자는 어른들의 모임입니다. 정말 재미있고, 돈키호테처럼 뭔가 사고를 칠 가능성이 다분해 기대가 큽니다.

출판사 '생각의길'의 도움도 컸습니다. 자신처럼 수학을 못하는 사람도 읽을 수 있게, 가볍고도 흥미로운 책을 써 달라고 하셨던 서인찬 주간의 공로를 빼놓을 수 없습니다. 끊임없이 원고를 돌려보내 공부를 많이 하게 해 주셨습니다. 서한솔 편집자와 유영준, 김혜림 디자이너에게도 감사드립니다.

2014년 10월 '수냐의 수학카페'에서

김용관

1

자연수의 각축장,
그리스 신화

•

《신통기》
고대 그리스의 시인 헤시오도스가 지은 서사시.
세계의 창조, 신들의 탄생과 그들의 지배권, 신들의 자손 계보 따위를
다루고 있으며 모두 1,200행으로 구성되어 있다.

제우스의 숫자, 1

"태초에 카오스가 있었고, 그다음에는 넓은 젖가슴을 지닌 가이아가 있었는데, 그 가이아는 눈 덮인 올림포스 산과 넓은 길이 많이 나 있는 대지의 가장 깊은 곳, 칠흑 같이 어두운 타르타로스에 거하고 있는 영생불멸하는 모든 신들의 든든한 처소였다. 그다음에 에로스가 생겼는데, 이 에로스는 영생불멸하는 모든 신들 중 가장 아름다운 신이었으며, 모든 신들과 인간들의 머릿속의 이성과 냉철한 사고를 압도하며 다리의 힘을 마비시키는 신이었다."[1]

· · · · · · · · ·
1 헤시오도스, 《신통기: 그리스 신들의 계보》, 김원익 옮김, 민음사(2003), 27~28면.

헤시오도스(Hesiodos)의 《신통기》는 신들의 역사를 이렇게 시작한다. 《신통기》는 신의 권능이나 위엄 혹은 영생불사(永生不死)의 위대함을 제일 먼저 다루지 않았다. 신들의 이야기에서 처음 등장하는 것은 다름 아닌 '족보'다. 족보에 별로 관심이 없는 세대에게는 낯설고 따분한 시작이라 할 수 있다. 세대 차이라고 치부하기 쉽다. 그러나 족보를 맨 앞에 빼놓은 데는 그럴 수밖에 없었던 매우 중요한 이유와 배경이 있다.

족보 이야기로 시작하는 신화를 종종 볼 수 있다. 단군 신화는 "환인이 있었고 그의 서자 환웅이 있었다"는 내용으로 시작한다. 《성서》는 그 정도가 더 심하다. 신약의 첫 부분인 〈마태복음〉에는 아브라함, 이삭, 야곱으로 이어지는 족보가 나오는데, 40여 대에 걸친 세세한 과정을 빠뜨리지 않고 낱낱이 기록했다. 그 족보의 마지막에 예수가 등장한다. 신화란 시작과 기원을 밝히는 이야기이기에 당연하다 싶기도 하다. 그렇지만 족보를 전면에 내세우게 된 데에는 '수'라는 개념이 큰 몫을 차지했다.

헤시오도스는 기원전 8세기 그리스에서 활동한 음유 시인이었다. 그는 양 치는 목동 노릇을 하다가, 아버지가 돌아가시면서 물려준 땅에 농사를 지으면서 성실하게 살았다. 그러다가 어떤 방랑 시인을 만나 그 자신도 방랑 시인이 되었다. 그는 자신의 직업이 변화한 과정을 '무사이 여신들이 그에게 영광스러운 노래를 알려 주었다'는 시적인 표현으로 나타냈다.

당대에는 헤시오도스 외에 또 한 명의 유명 시인이 활동하고 있었는데, 바로《일리아드》와《오디세이》로 유명한 호메로스(Homeros)다. 호메로스와 헤시오도스는 시인 경연 대회에서 경합을 벌인 적도 있었다. 이 경합에서 이긴 자는 헤시오도스였고, 그는 상품으로 받은 삼발이를 무사이 여신에게 바쳤다고 한다.

헤시오도스는 입에서 입으로 전해 오던 신들의 이야기를 처음 정리했다. 헤시오도스가 기록한 그리스 신들의 이야기는 이집트로부터 많은 영향을 받았다. 기원전 5세기에 그리스의 역사가 헤로도토스(Herodotos)는 그리스 신들의 이름이 그리스 이외의 지역, 대개 이집트에서 유래했다고 적었다. 포세이돈, 헤라, 헤스티아, 테미스와 같은 몇 개의 이름 말고는 모두 옛날부터 이집트 땅에 있어 왔기 때문이다.

숫자 '12'에 관한 언급이 그리스 신화에 많은 것도 이집트와 관련된다. 전체를 열두 개로 분할하는 문화는 이집트에서 일반적이었다. 1년을 12개월로 나누는 관습, 티탄 12신, 올림포스 12신, 헤라클레스의 열두 과업 등은 이집트 문화가 그리스 신화에 적용된 사례들이다.

이집트로부터 영향을 받아 풍성해진 그리스 신들의 이야기를 헤시오도스는 무턱대고 기록하지 않았다. 어떤 신이 있었으며, 그 신이 얼마나 희한하고 놀라운 일을 했는가를 생각나는 대로 적은 게 아니다. 재미만 추구하며 이야기를 전개하지 않았다. 그는 신 이야기를 질서 있게 정리했다. 중구난방으로 흐트러져 있는 책상이 아니라, 내용과 분야에 따라 잘 정돈된 책상으로 만들어 놓았다.

《신통기》에서는 카오스, 가이아, 에로스 순으로 신들이 등장한다. 에로스에 의해 카오스와 가이아는 결합하게 되고, 그들의 자식으로 태어난 신들이 이후의 역사에 등장한다. 어떤 신과 어떤 신이 결합하여 새로운 신이 등장했는지 그 순서가 쭉 나열되는데, 복잡하고 무분별한 나열이 아니다. 표의 빈칸을 꼼꼼히 채워 넣듯이 의도적이고 집요하게 전후 관계를 분명하게 보여 준다.

신이 인간과 다르다고 해서 여기저기서 불쑥불쑥 튀어나온다고 생각해 보라. 인간에게조차 우스운 꼬락서니로 보였을 것이다. 다른 질서일 망정, 신들의 세계에도 원칙과 질서는 있어야 한다. 《신통기》는 신들을 무질서하게 나열하지 않았다. 짜임새와 일관성이 있는 흐름으로 신들의 체계를 구성했다. 중간에 빠져 있는 신은 없다. 이후 모든 신들은 차근차근 계보에 등장해서 빠짐없이 우선순위가 매겨진다. 도중에 한 명의 신이라도 빠져 있다면 그리고 그 사실을 사람들이 알아차린다면 계보의 절대적 권위는 의심받게 된다. 신화이지만 사실처럼 구체적이고 실제적이며 완벽해야 한다. 무엇처럼? 바로 수와 숫자처럼!

자연수에는 1이라는 시작점이 있고 이후 기나긴 수들이 이어진다. 그 수들은 딱 1만큼의 차이라는 일관된 규칙을 가지고 있다. 무수히 많은 수이지만 하나의 규칙에 따라 단순하면서 완결된 체계를 이루고 있다. 수는 완전무결한 질서의 세계를 보여 주면서 질서의 확실한 표본이 되었다.

헤시오도스가 살았던 기원전 8세기에도 자연수는 있었다. 그는 분명 수를 경험했다. 의식했든 아니든 그는 수 체계가 주는 질서와 전체적인 통일성의 영향을 받았다. 당대에 수만큼 짜임새 있게 그런 효과를 줄 만한 체계는 없었다. 어떤 철학이나 과학도 그 정도의 체계를 갖추지 못했고, 수만큼 확실한 모델을 보여 주지 못했다. 수에 익숙해지면서 사람들은 수가 갖고 있는 특징이나 효과에 알게 모르게 익숙해졌다.

숫자를 갖고 있다는 것은 수의 크기를 비교할 수 있음을 의미한다. 어느 것이 큰지 작은지를 알고 순서를 매길 줄 아는 것이다. 순서를 뜻하는 수의 기능을 '서수'라고 한다. 수에 익숙해지면서 우리는 서수에도 익숙해졌고 앞과 뒤의 전후 관계에도 신경을 쓰게 되었다. 어느 것이 먼저이고 나중인지, 어떤 것이 빠졌는지를 구별하는 습관이 자연스럽게 형성됐다.

제우스의 존재감에 대한 묘사도 수와 밀접한 관련이 있다. 《신통기》에 많은 신이 등장하지만 결국 제우스에 의해 신들의 세계는 질서가 생겼다. 제우스는 신들의 세계를 정의로 다스리는 올림포스 최고의 신으로 등극했고 '1'의 자리를 차지했다.

제우스는 1이다. 수라고 다 같은 수가 아니다. 수에도 차원이 있다. 1은 수 중에서 가장 주목받는 수이다. 왜냐하면 모든 수는 1로부터 시작됐기 때문이다. 1은 '처음'을 의미한다. 신화에서 태초에 카오스가 있었다는 건 1을 설정한 것과 같다. 두 개의 수가 아닌 1이라는 하나의 수로부터 수가 시작되듯, 대부분의 신화도 하나의 신으로부터 우주가 시작된다. 시작은 으레 하나인 법이다.

1은 '최고'라는 의미도 지닌다. 1만 있으면 모든 수를 만들어 내니

수의 대표인 셈이다. 1은 모든 수의 전체이자 전부다. 하늘에 태양이 둘이 아니듯 최고의 존재 또한 하나여야 한다. 신들의 세계에도 1과 같은 최고의 신이 반드시 존재해야 했다. 1 때문에 신 이야기는 제우스로 귀결됐다.

제우스는 올림포스 최고의 신이었지만 우주를 창조한 첫 번째 신은 아니었다. 제우스의 숭배자들은 아마 제우스를 창조주로 받들고 싶었을 것이다. 하지만 제우스 이전에 이미 다른 신들이 있었다. 신들의 세계는 이미 복수였다. 그걸 부인하기는 어려웠다. 최초의 신이라는 수식어까지 제우스의 몫이 될 수는 없었다. 제우스가 차지할 수 있는 최고의 영광은 신들의 세계를 평정한 최고신이 되는 거였다.

유일신에 대한 종교적인 집착도 1에 대한 집착 때문에 비롯되었다. 1이 주는 상징적 효과에 사람들이 전염된 결과다. 수의 관계에 대해 예민하기 전에는 복수의 신이 문제되지 않았다. 수의 관계가 보이고 1의 의미가 부각되면서 모든 것의 기원이나 최고는 하나여야 했다. 자신이 믿는 종교가 그 1이어야 한다는 야망이 유일신의 지위 쟁탈전을 부추겼다.

산 정상에 올라 본 자와 올라 보지 못한 자가 하는 말은 다르다. 하나의 경험은 하나에만 그치는 게 아니라 치환을 통해 다른 경험으로 확산되고 전이된다. 수에 대한 경험도 마찬가지다. 수를 경험한 자는 수가 보여 줬던 이미지와 세상을 다른 곳으로 옮기게 된다. 질서를 본 자는 질서를, 순서를 본 자는 순서를, 엄밀함을 본 자는 엄밀함을 일상의 구석구석에 전파하게 된다. 알게 모르게!

　신은 질서와 규칙의 제공자이자 설정자이다. 엉성하고 불완전한 인간보다 더 질서 있는 모습으로 묘사되는 게 당연하다. 작가인 헤시오도스는 그 점을 의식했다. 그는 완전한 신의 질서를 그대로 드러내 줄 본보기를 찾았을 것이다. 찾을 수 있는 한 최고의 것을 찾아야 했다. 그게 바로 수였다. 수는 질서와 순서의 아름다움을 극명하게 보여 준 그 시대의 표본이었다. 헤시오도스가 참고할 만한 것 중 최고였다. 계보는 수가 보여 준 아름다움을 신화의 세계에서 달리 표현한 것이다. 신화에서 계보 자체는 주연이 아니라 조연이다. 전하고자 하는 중요 메시지는 아니지만 신화가 신화로서의 역할을 잘 수행할 수 있게 해 주는 카메오다.

　신들의 계보는 수의 신화적 버전이었다. 고로 수가 없었다면 신들의 완벽한 계보도, 최고 신으로 흘러가는 이야기도 없었을 것이고, 《신통기》나《성서》도 그만큼 더 얇아졌을 것이다.

9의 행진과 10진법

그리스 신화에는 신들이 많다. 그런 만큼 각각의 신을 구별해 줄 장치가 필요했다. 이름이 다른 것은 기본이고 그 신의 고유한 역할이나 특징도 각기 다른 이미지로 표현됐다. 외모, 색깔, 장신구뿐만 아니라 수 역시 로고처럼 사용됐다. 수는 신이 이미지에 걸맞게 보이도록 이미지를 구체화시켜 주는 효과를 준다.

퀴클롭스는 외눈박이 거인이다. 헤시오도스는 퀴클롭스를 힘과 폭력, 교활함이 숨어 있는 고집불통인 신이라고 설명했다. 눈이 하나라는 설정은 이런 이미지를 대변한다. 눈이 하나면 사물을 제대로 볼 수 없다. 거리를 제대로 파악할 수 없기 때문이다. 뵈는 게 없는 거다. 그러니 고집이 세고 폭력적일 수밖에 없다. 그러면서도 눈이 하나라는 사실은 뭔가 부족한, 완전하지 못한 이미지를 대변한다. 남들은 눈이 두 개인데 하나밖에 없으니 말이다.

가이아와 우라노스 사이에서는 헤가톤케이레스라고 부르는 거칠고 덩치가 큰 세 아들, 코토스와 브리아레오스 그리고 뤼게스가 태어났다. 그들은 오만불손한 자식들이었다. 오만불손의 이미지, 어떤 표현이 잘 어울릴까? 《신통기》에는 그들의 겨드랑이에 백 개의 거대한 팔이 솟아나고, 쉰 개의 머리가 돋아났다고 했다. 머리가 50개, 팔이 100개라니…… 한꺼번에 얼마나 많은 일을 생각하고 처리할 수 있었겠는가? 단순하게 생각해도 다른 존재의 50배는 될 것이다. 그러니 자기 잘난 맛에 오만불손한 것이다. 능력으로는 그렇다 해도 모양새는 분명 우습다. 이들 역시 아직 미완성이고 소름끼치는 신으로 여겨졌다.

외모를 다르게 해서 신을 묘사하면 그 신의 개성을 잘 드러낼 수 있다. 하지만 외모가 다르다는 건 비정상의 이미지로 직결된다. 그래서 폭력적이거나 괴팍한 신 혹은 괴물을 주로 비정상적인 수와 결합하여 표현했다. 머리가 3개 달린 게뤼오네우스나 키마이라, 머리가 50개 달린 개 케르베로스 등이 그렇다.

사건이나 상황을 실감나게 묘사하거나 전달할 때도 수는 필수적이다. 그림이 구체적일수록 진짜 같은 느낌이 들듯이 메시지를 전달할 때 수를 결합시키면 효과는 백배 더 확실해진다. 단순한 사실뿐만 아니라 강렬한 느낌까지 전해 주는 것이다.

바람둥이인 제우스는 므네모시네의 침실로 들어가 무사이 여신들을 얻는다. 이때 그는 므네모시네와 뜨겁고 열렬한 사랑을 나눴다. 사랑했다는 간단한 표현만으로는 그 감정을 다 담아낼 수 없어서 신화에는 9일 밤 동안 사랑을 나눴다고 적혀 있다. 9일 밤이라……. 얼마나 좋아하고 사랑했으면 9일이나 함께 시간을 가졌겠는가! 게다가 그 사랑의 결과로 얻은 무사이 여신은 총 아홉 명이었다. 9라는 설정이 여기에서만 등장하는 건 아니다.

타르타로스는 지하에 있는 명계(冥界)[2]다. 대지로부터 이곳까지는 얼마나 멀리 떨어져 있을까? 헤시오도스는 다음과 같은 재미난 표현으로 그 거리를 설명한다.

"만약 청동 모루를 지상에서 아래로 떨어뜨리면 그 모루는 아흐레 낮밤을 떨어져서 열흘째 되는 밤에야 비로소 타르타로스에 부딪힐 것이다."[3]

모루는 대장간에서 쇠를 두드릴 때 받쳐놓는 쇳덩이다. 쇠를 두드

2 사람이 죽은 뒤에 가는 영혼의 세계를 말한다.
3 헤시오도스, 《신통기: 그리스 신들의 계보》, 김원익 옮김, 민음사(2003), 67면.

리는 망치질에도 망가지지 않아야 하니 그만큼 단단하고 무겁다. 그 모루가 9일 동안 떨어져야 할 만큼 멀다고 했다. 하늘에서 지상까지의 거리도 동일하게 9일 만큼 떨어져 있다.

우리라면 아마도 몇 킬로미터 또는 몇 광년(光年) 이렇게 표현했을 것이다. 하지만 고대에는 이렇게 정확하고 표준적인 거리 단위가 없었다. 일상적인 길이를 나타낼 때는 보통 사람의 신체나 걸음을 이용한 단위를 많이 사용했다. 손바닥을 기준으로 한 장(丈), 팔을 기준으로 한 큐빗(cubit), 발을 기준으로 한 피트(feet), 걸음을 기준으로 한 보(步) 등이 대표적이다. 이보다 더 먼 거리는 어떻게 표현했을까? 그 경우 많이 사용된 게 '하루를 걸어서 갈 수 있는 거리'다. 서울까지의 거리를 걸어서 일주일이 걸리는 거리로 표현하는 식이었다.

하늘에서 지상까지 또는 지상에서 타르타로스까지의 거리는 걸음걸이 단위로 표현할 수 없을 만큼 먼 거리다. 그래서 더 큰 단위가 필요했고, 헤시오도스는 '청동 모루가 떨어지는 거리'라는 재미난 단위를 선보였다. 무거운 물건이 공중에서 떨어지는 걸 본 적이 있을 것이다. 씽 하고 빠르게 떨어지는데 높은 데서 떨어질수록 속도는 더 빨라진다. 그렇게 9일 동안 떨어진다니, 이 얼마나 먼 거리겠는가!

9라는 수는 또 등장한다. 올림포스 산의 신들이 거짓 맹세를 하면 받는 형벌이 있다. 숨도 못 쉬고, 소리도 못 내고, 침대에 누워 있어야 한다. 참으로 재미있지 않은가? 그런데 자그마치 9년 동안 격리된 채 홀로 지낸 후에야 무리로 다시 돌아갈 수 있었다. 왜 하필 9일 동안 사랑하고, 아홉 명의 자녀를 낳고, 9일을 떨어지고, 9년을 홀로 지내야 할까? 9라는 설정을 제대로 이해하려면 당대의 숫자 체계를 살펴봐야 한다.

아래 그림은 호메로스 시기의 숫자 표기 방식이다. 호메로스 시기에는 10개씩 묶어 새로운 단위를 만드는 10진법을 사용했는데, 크기 단위가 일, 십, 백, 천, 만으로 현재 우리의 방식과 같다. 1부터 9까지는 1을 뜻하는 동그란 점 또는 작대기를 반복해서 사용했다. 2는 점

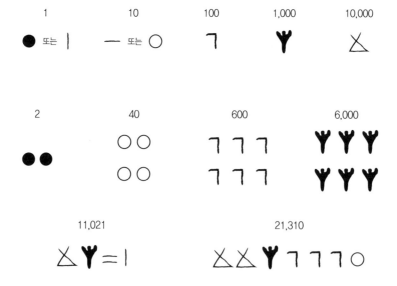

| 호메로스 시기의 숫자 표기 방식 |

두 개, 3은 점 세 개다. 이런 반복은 9까지 계속된다. 10에서 드디어 모양이 달라진다. 새로운 모양과 차원을 나타내는 비어 있는 동그라미다.

9는 1의 반복으로 표현할 수 있는 최대의 크기다. 그래서 9는 한 단계 내에서 다다를 수 있는 최고를 뜻한다. 9 다음에는 이전과 다른 차원의 세계가 펼쳐진다. 9는 '아홉 개'라는 크기를 나타내는 사실적 표현만은 아니다. '찰 만큼 찼고 할 만큼 했다'는 속내를 멋들어지게 표현한 비유적이고 상징적인 표현이기도 하다. 꼬리 아홉 달린 구미호가 대표적이다. 구미호는 꾀가 많은 여우의 마지막 단계를 의미한다. 그만큼 똑똑하고 교활하다. 그 다음은 사람밖에 없다.

하늘, 지상, 타르타로스는 서로 다른 차원의 세계다. 각 세계 간의 거리는 물리적 거리보다는 심리적 차원의 거리를 뜻한다. 다시 말해 정말로 모루가 떨어지는 데 얼마나 걸리는가는 그렇게 중요하지 않다. 알아내는 것도 불가능한 일이다. 중요한 건 두 세계가 다른 차원의 세계라는 거다. 한 세계에서 다른 세계로 넘어가려면 한 세계의 극에 다다라야 한다. 그 점을 알려 줘야 한다. 9일 간의 벌도 마찬가지다. 벌을 충분히 받아야 정상의 상태로 다시 회복되는 것이다. 그러니 9라는 수가 적절하다.

또 다른 예를 들어보자. 은하철도 999, 착하고 순수한 소년이 기계 인간이 되기 위한 과정을 그린 명작 만화다. 기차 이름이 999호다. 9가 세 번이나 반복됐는데 굉장히 상징적이다. 그 기차는 인간을 기계로 만들어 주는, 즉 차원을 다르게 해 주는 기차다. 질적 변화를 위한 마지막 단계이니 999가 적절하다.

9를 어느 단계의 최고로 보는 문화는 10진법 때문이다. 9에서 10으로의 질적 변화를 인상 깊게 목격한 사람들이 문화에 적용한 것이다. 수학은 수학 안에서만 영향력을 행사하지 않고 틈만 나면 문화라는 넓은 바다로 흘러 들어간다. 수학에 의해 문화의 모습이나 이미지가 구체화된다. 수학도 문화를 읽어나갈 수 있는 하나의 코드가 될 수 있다.

만약 12진법이 사용되었다면

9를 극단이나 최고의 상징으로 보는 문화는 10진법의 표기 방식 때문이었다. 수의 표기법이 달랐다면 9가 아닌 다른 수가 그 역할을 했을 것이다. 만약 12진법이 사용되어 12에 이르러서야 단위가 달라졌다면 11이 9의 역할을 대신했을 게 틀림없다. 제우스는 11일 동안 사랑을 나누고, 청동 모루도 11일 동안 떨어져야 지상에 닿게 된다.

괴물의 형상도 마찬가지다. 50개의 머리와 100개의 팔은 10진법에 의거한 것이다. 100개의 팔을 기준으로 해서 50개의 머리라는 설정이 등장했다. 12진법이었다면 단위는 12배만큼 커진다. 1, 12, 144(=12^2), 1728(=12^3)……. 10진법에서의 100이란 수는 12진법의 144와 대응한다. 따라서 144의 절반인 72개의 머리와 144개의 팔을 가진 괴물로 묘사됐을 것이다.

수학과 세상은 서로를 비추는 거울이다. 세상이란 거울을 보고 수학이 정립되기도 하고, 수학이란 거울을 통해 세상이 바뀌기도 한다. 세상이 바뀌면 수학도 바뀌고, 수학이 바뀌면 세상 또한 바뀐다. 세상의 한계는 수학의 한계가 되고, 역으로 수학의 한계가 세상의 한계가 될 수도 있다.

청동 모루로 표현된 거리에서 우리는 고대인의 과학적 한계를 엿볼 수 있다. 사람이 걷는 속도는 거의 일정하다. 고로 걸어서 며칠이 걸리는 거리란 개념이 가능하다. 측정 대상의 속도가 달라지면 그런 표현이 불가능하다. 헤시오도스는 청동 모루가 떨어지는 속도가 동일하다고 여겼음이 틀림없다. 그보다 몇 세기 후의 대표적 학자였던 아리스토텔레스(Aristoteles)가 낙하 속도는 물체의 무게에 따라 달라진다고 한 걸 보면 당연해 보인다. 높이 차이가 확연한 곳에서 실험을 해 보지 않았으니 의심 없이 받아들였을 것이다.

근대에 밝혀졌듯이 물체의 낙하 운동은 속도가 동일하지 않다. 속도는 시간에 비례하여 빨라지고, 거리는 시간의 제곱에 비례하여 늘어난다. 청동 모루가 9일간 계속해서 떨어질 때 나중의 속도와 이동 거리는 처음과 비교하여 어마어마하게 늘어난다. 따라서 '청동 모루가 떨어지는 데 9일이 걸리는 거리'라는 표현은 과학적으로 맞지 않다. 떨어지는 물체의 속도가 일정하지 않다는 것만 알았어도 헤시오도스는 이런 표현을 사용하지 않았을 것이다.

헤시오도스는 그리스에서 이성 중심의 철학이 본격적으로 발달하기 이전의 시인이었다. 이런 면모는 그의 작품에서도 고스란히 드러난다. 《신통기》에서 세 번째로 등장하는 에로스는 우주의 창조에 매우 중요한 역할을 한다. 헤시오도스는 에로스가 모든 신과 인간의 냉철한 이성과 사고를 압도하며 다리의 힘을 마비시킨다고 표현했다. 참 재미있는 표현이다. 에로스의 힘은 이성을 능가했다. 이성을 초월한 그 힘으로 우주는 창조된 것이다. 이성이 충분히 발달하지 못한 시대였기에 이성에 대한 시선이 곱지 않았다. 에로스에 대한 대접은 라이벌 시인이었던 호메로스와도 다르다.

논쟁은 철학에 있어 필수적이며 이성적 활동의 대명사라 할 수 있다. 논쟁을 거치지 않는 주장은 설 자리가 없다. 논쟁의 터널을 거쳐야만 철학이란 땅의 한 구석을 차지하게 된다. 하지만 신화에서 논쟁은 푸대접을 받는다.

《신통기》에 등장하는 밤의 신 뉙스는 많은 자손을 두었는데, 밤의 이미지답게 자손의 역할이나 상징이 매우 어둡다. 운명, 파멸, 죽음, 비난, 궁핍 등등……. 그중 하나가 에리스인데 에리스도 많은 자손을 두었다. 그중 하나가 논쟁을 뜻하는 암필로기아이였다. 암필로기아이의 형제들은 고난, 망각, 고통, 전쟁, 다툼, 불평, 사기, 파괴 등 칙칙하고 불쾌한 의미를 지니고 있다. 이는 논쟁을 불평불만하며 전쟁이나 일으키는 몹쓸 짓거리로 보았다는 뜻이 아니겠는가! 진리를 탐구하고 허황된 이론을 구별한다는 논쟁의 긍정적 이미지와는 거리가 멀다.

이성의 위력이 미약하고 이성을 홀대하던 시대에 이성적 태도를 그대로 드러내기는 쉽지 않았을 것이다. 자칫하면 공공의 적이 될 게 뻔했다. 때를 더 기다려야 했다. 세상을 이성적으로 완벽하게 그려낼 수 있을 때까지 이성이라는 발톱을 가리는 게 오히려 더 현명했다. 싸워서 승리하지 못할 바에야 조용히 숨죽이고 지내는 게 더 현명한 법이었다.

신화가 세상을 주름잡던 시절, 모두가 신화를 곧이곧대로 받아들이지는 않았을 것이다. 의문을 품은 사람도 있었을 게 분명하다. 하지만 이들은 신화를 대체할 만한 다른 해석을 제시하지 못했다. 지식이든 수학이든 대결할 무기가 없었다. 시대의 한계였기에 우선은 신화에 만족하고 따를 수밖에 없었다. 수가 보여 주는 엄밀함을 신화 속에 드러내는 것으로 만족해야 했다. 수학의 한계가 시대의 한계나 마찬가지였다. 수 이상의 수학이나 지식이 등장하면서 양상은 달라진다. 수학이 달라지자 시대도 달라져 갔다.

2

고대인들이
수학을 활용한 방법
●
《역사》

고대 그리스의 역사가 헤로도토스가 기원전 425년 무렵에 쓴 역사책.
그리스와 페르시아의 전쟁을 골자로 하고 있으며 기원전 479년까지의 사실을
기록하고 있다. 헤로도토스를 '역사의 아버지'라 불리게 한 작품이다.

고대에도 100만 단위가 사용되었다

역사의 아버지로 불리는 헤로도토스, 그는 기원전 5세기에 《역사》라
는 책을 썼다. 《역사》는 페르시아와 그리스 사이의 전쟁인 페르시아
전쟁을 주로 다룬 역사서로, 전체가 아홉 권이나 되는 방대한 저작이
다. 여기에는 전쟁 이야기뿐만 아니라 그리스 주변 지역 사람들의 독
특하고 재미난 풍습도 실려 있다.

페르시아 인들은 안건을 논의할 때 특이한 방법을 썼다. 그들은 가
장 중요한 안건을 술에 취해서 토의했다. 취중 진담의 이치를 일찌감
치 깨달았던 것일까? 그래도 어느 정도 걱정되기는 했는지 나름대로
보완책을 마련해 놓았다. 다음 날 모두의 정신이 멀쩡할 때 같은 사
안을 두고 다시 토의를 했다. 그때도 모두가 동의하면 실행하고 그렇

지 않을 경우에는 폐기했다. 반대로 맑은 정신에서 토의한 내용은 술에 취한 상태에서 다시 논의했다. 이성과 광기를 반반씩 인정한 것으로, 그들 나름대로 인간에 대한 깊은 이해가 있었던 것 같다. 이성적으로 따지기를 좋아하는 요즘 시대에는 상상하기 어려운 광경이지만 말이다.

이집트 인들의 풍습에도 재미있는 게 많다. 고대 이집트에는 현재의 모습과 반대되는 풍속이 많았다. 이집트 인들은 여자가 시장에 나가 장사를 하고 남자가 집 안에서 베를 짰다. 짐을 옮길 때에도 남자는 머리에 이고 여자는 어깨에 멨다. 오줌을 누는 것도 여자가 서서, 남자가 앉아서 일을 봤다고 한다. 배변은 집에서 식사는 노상에서 했다고 하는데 정말일까?

이집트 인들이 콩을 일절 먹지 않았다는 기록도 있다. 특히 사제는 콩을 쳐다보지도 않았다고 한다. 이 사실은 수학의 한 장면을 떠올리게 한다. 피타고라스(Pythagoras)는 수학하면 바로 떠오르는 유명한 수학자인데, 그는 콩과 특별한 관계를 맺은 것으로도 유명하다. 피타고라스학파의 엄격한 규율 중 하나는 '콩을 먹지 말라'였다. 이 규율이 이집트와 관련되어 있을 것 같은 냄새가 솔솔 풍긴다. 피타고라스는 젊었을 때 이집트에서 오랜 시간을 지냈는데, 특히 사제들과 많은 시간을 보냈다. 콩을 쳐다보지도 않았던 사제들과 오랫동안 가까이 지냈다면 그도 콩을 멀리 했을 게 뻔하다. 이 경험이 콩을 금지한 학파의 규율로 이어진 것은 아닐까?

인간의 행적이 망각되는 걸 막기 위해서 헤로도토스는 《역사》를 저술했다. 그중에는 수나 수학과 관련된 부분도 많다. 이런 기록은 당대의 수학이 어땠는지, 고대인들이 수학을 어떻게 활용했는지 엿볼 수 있게 해 준다. 《역사》는 어떤 이야기를 할 때 가능한 한 '숫자'를 함께 제시했다. 이유는 분명하다. 정확하고 분명한 이야기라는 확신을 주려고 했기 때문이다. 수학적 데이터나 분석 자료를 근거로 제시하면 그 주장을 더 신뢰하는 우리의 분위기와 비슷하다.

페르시아 군대의 규모를 설명한 대목을 보자. 아시아에서 온 함선이 1,207척이었는데, 함선당 해군의 수를 대략 200명으로 잡으면 총 인원은 24만 1,400명이 된다. 이런 식으로 헤로도토스는 해군이 51만 7,610명, 보병이 170만 명, 기병은 8만 명이라고 서술했다. 나중에는 동행한 비(非)전투원까지 포함하여 총 인원수가 528만 3,220명이라고 했다. 각 그룹의 인원을 다 알고 기록한 것도 놀랍지만 그 규모가 500만 명을 넘는다는 게 더 놀랍다.

당시 사람들은 수를 사용할 때 100만 정도의 단위를 사용했다. 그리스가 승리한 전쟁이기 때문에 적군의 규모를 일부러 과장한 측면도 있는 듯하지만, 인원수가 사실이든 거짓이든 100만 정도의 단위는 실생활에서 사용되고 있었다. 이 사실은 이집트 수학을 통해서 확인 가능하다. 이집트 인들이 사용한 '상형 숫자'에 100만이라는 단위가 남아 있기 때문이다. 상형 숫자란 그 크기를 연상시키는 물건의 모양을 본 뜬 숫자를 말한다. 이집트 인은 10진법을 기초로 하여 상형 숫자를 사용했는데 1은 막대기, 100은 나선 모양으로 감긴 밧줄, 10만은 올챙이

막대기 또는 한 획	뒤꿈치 뼈	감긴 밧줄	연꽃	가리키는 손가락	올챙이	놀란 사람 또는 신을 경배하는 모습
1	10	100	1,000	10,000	100,000	1,000,000

| 고대 이집트의 숫자 |

모양이다. 올챙이 떼를 생각해 보면 10만의 느낌이 이해된다. 여기서 가장 큰 단위는 100만으로 놀란 사람의 모양을 하고 있다. 100만은 상징적으로 사용됐던 '무한'이라는 수를 제외한 가장 큰 단위였다. 이집트에서 길을 내기 위해 10만 명의 인원이 3개월 교대로 동원됐다는 기록도 있는 것을 보면, 100만이란 단위를 사용한 것은 맞는 얘기 같다.

고대인은 어떻게 수를 셌을까?

헤로도토스는 페르시아 군대의 수가 500만 명이 넘었다는 걸 어떻게 알았을까? 그 정도 규모를 세려면 적절한 방법이 있어야 한다. 제대로 된 방법도 없이 결과만 제시하면 그 정보를 신뢰하기란 어렵다. 이러한 의구심을 잠재우기 위해 《역사》에는 기막힌 방법으로 수를 센 고대인들의 다양한 방법을 소개한다.

헤로도토스는 스키타이 족의 인구수를 알고 싶었다. 어떤 이는 스키타이 족의 인구가 많다고 하고, 어떤 이는 적다며 상반된 이야기를 해서 헷갈렸기 때문이다. 그때 스키타이 족이 헤로도토스에게 뭔가를 보여 줬다. 그것은 바로 청동 화살촉 더미였다. 이 더미는 인구수를 알고 싶어 했던 왕의 명령에 의해 만들어진 것이었다. 왕은 모든 사람에게 한 사람당 하나씩의 화살촉을 가져오라고 명령했다. 사람 하나당 화살촉 하나를 대응시켜 인구를 가늠한 것이다. 그걸 보고 헤로도토스는 스키타이 족의 인구를 짐작할 수 있었다.

비슷한 방법으로 군대의 규모를 확인한 다른 왕도 있다. 그는 군사들에게 돌멩이 하나씩을 들고 특정 장소로 가게 했다. 군사들은 그곳을 지나면서 들고 있던 돌멩이를 내려놓았고, 왕은 그 돌멩이를 취합해 군사의 수를 파악했다. 선이나 돌멩이로 수를 세기 시작했다는 사실을 확인시켜 주는 구체적인 사례들이다.

일정 기간이 지났는지를 알 수 있는 지혜로운 방법도 소개되어 있다. 한 왕이 스키타이 족을 정벌하러 떠나면서 신하들에게 당부했다. '60일이 지나도록 자신이 돌아오지 않으면 기다리지 말고 배를 타고 고향으로 돌아가라'고 말이다. 그리고 그 기한을 확인할 수 있는 물건 하나를 건네줬다. 그건 60개의 매듭이 묶여 있는 혁대였다. 하루가 지날 때마다 매듭 하나를 풀어서 그 매듭이 다 풀릴 때까지만 기다리라는 뜻이었다.

그러나 이러한 일대일 대응 방법만으로 500만이 넘는 인원을 세는 건 불가능하다. 돌멩이나 화살촉이 500만 개가 넘는다면 관리나 보관이 어려울 뿐만 아니라 일일이 세는 것도 쉽지 않다. 뭔가 더 세련되고 수월한 방법이 필요했다. 헤로도토스는 페르시아 군대가 어떻게 170만 명이 넘는 보병의 숫자를 세었는지 그 과정을 설명해 준다.

먼저 인원 점검을 위해 보병 1만 명을 밀집시켰다. 이때 보병 간의 빈틈이 없도록 하는 게 중요하다. 그런 뒤 그들을 원 모양으로 정돈하고, 그들이 차지한 넓이만큼의 원을 그렸다. 그러고는 보병 1만 명을 내보내고 배꼽 높이로 담을 쌓아 다른 보병을 그 안에 동일한 방식으로 집어넣었다. 그 안에 가득찬 보병의 수가 1만 명 정도 되는 셈이다. 원이 다 차면 또 내보내고 다른 사람으로 원을 채우는 행위를 반복했다. 이 경우 원이 몇 번 가득 찼는지 계산한 후 거기에 1만 명을 곱하면 대강의 인원수가 나오게 된다. 참 지혜로운 방법이었기에 헤로도토스도 그 정보를 신뢰하여 기록으로 남겼다.

하나씩 수를 세는 방법은 숫자가 커지면 불편하다. 그럴 때는 여러 개를 큰 단위로 묶어 묶음의 수를 세면 편리하다. 이런 방법을 '진법'이라 한다. 진법은 보다 큰 수를 보다 빨리 세기 위해 개발한 고대인의 발명품이었다.

'이가 없으면 잇몸으로 대신한다'는 말이 있다. 상황과 여건이 좋지 않아도 다른 방법을 통해 나름대로의 해결책을 얼마든지 마련할수 있다. 고대인들은 지금보다 계산 도구가 좋지 않고 수의 체계가 잡혀있지 않았다. 하지만 그들에게 제시된 문제를 해결할 수 있는 방법을 고안해 냈다. 필요한 만큼 지혜를 발휘해 그들의 역할을 충분히 해냈다.

이집트에서 기하학이 탄생하다

고대인들은 수를 단순히 셈하는 용도로만 사용하지 않았다. 그들은 수에 의미를 부여하고 그 의미에 따라 사회를 조직하고 세상을 해석했다. 그리고 수학을 응용하여 환경을 극복하고 문화를 형성해 갔다. 《역사》에는 수학이 시작된 이래 발전해 가는 모습을 확인할 수 있는 기록이 많다.

왕은 페르시아 침공을 위해 신탁소를 찾는다. 족집게처럼 잘 맞추는 신통한 신탁소를 찾기 위해 그는 100일째 되는 날의 행적을 묻는다. 그걸 맞춰 내는지 보려는 심산이었다. 100일은 동양권에서도 보통 완성이나 충만을 뜻할 때 사용되곤 한다.

바빌론의 성채에는 성채를 둘러싼 일곱 개의 원이 있었다. 7은 바빌론을 중심으로 한 메소포타미아 문명권에서 신비한 수로 여겨진다.

어떤 지역에서는 제물의 의미로 소년과 소녀를 아홉 명씩 생매장했다. 할 만큼 최선을 다했다는 9의 일반적 의미에 부합한다.

이집트는 전국을 열두 개의 지역으로 나누어 각 지역마다 왕을 두었다. 이집트에서 12는 달력뿐만 아니라 신들의 세계에서도 긴요하게 사용됐다. 《역사》는 이집트를 소개하면서 이집트 인이 별을 보고 1년이라는 개념을 발견했다고 언급한다. 또한 1년이 365일이라는 걸 알고서 1년을 열두 달로 구분하기도 했다. 그렇게 12라는 수가 의미 있는 수로 역사에 등장했다.

이집트 인들은 수를 통해 자연의 변화를 1년 주기로 파악했다. 그들은 그 주기에 맞춰 달력을 완성했다. 그들에게 한 달은 30일이었는데 매년 5일을 덧붙여 365일을 만들었다. 계절의 변화 주기와 일치하도록 융통성 있게 조정한 것이다. 달력을 통해 그들은 나일 강이 100일은 범람하고 100일은 물이 빠진다는 것도 알아내어 그에 따른 조치를 취했다.

수에서 힘이 나온다고 생각했던 풍습도 소개됐다. 페르시아에서 남자의 주된 미덕 중 첫 번째는 용감한 것이고, 다음이 아들을 많이 낳는 거였다. 왕은 가장 많은 아들을 보여 주는 자에게 해마다 선물을 했다고 한다. 헤로도토스는 페르시아 인들이 수에서 힘이 생기는 것으로 생각한다고 적었다.

고대인들은 수를 활용하여 사회적인 문제도 해결했다. 왕은 생필품의 조달뿐만 아니라 세금도 징수했는데, 그 과정에서 수학을 활용했다. 페르시아 인들은 이오니아 인들에게 세금을 부과했다. 대강 부담시킨 게 아니라 정확한 방법을 통해 공정하게 부여했다. 페르시아 인들은 이오니아 인들의 영토를 파라상게스(parasanges)라는 단위로 측정하게 하고, 거기에 따라 세금을 부과했다. 하나의 기본 단위를 정한 후 그 단위에 비례하여 세금을 책정했다. 다른 지역에서도 동일한 방법이 사용됐다.

이집트의 왕 역시 토지를 나눠 주고 소작료를 받아 세수를 충당했다. 그런데 기본 단위가 되는 그 땅은 네모난 모양이었다. 아마 직사각형이나 정사각형이었을 것이다. 《역사》의 다음 부분을 읽으면 그 사실을 알 수 있다.

"사제들에 따르면, 왕은 또 국토를 나누어 전 이집트 인들에게 같은 크기의 네모난 땅을 주고 해마다 소작료를 받아 세수를 충당했다. 받은 땅의 일부가 강물에 떠내려갔을 경우 당사자는 왕을 찾아가 신고했다. 그러면 왕이 조사관들을 파견해 할당된 땅이 얼마나 줄었는지 다시 측량하게 하여 땅이 준만큼 소작료도 줄여 주었다. 내 생각에, 그런 연유로 기하학이 창안되어 그리스로 수입된 것 같다."[4]

땅을 네모 모양으로 나눈 건 수학의 넓이 문제와 관련이 있다. 모든 사람에게 같은 모양과 크기의 땅을 주었거나, 땅의 일부가 유실된 경우가 아니면 굳이 넓이를 계산할 필요가 없다. 하지만 지형에 따라 땅의 모양과 크기는 달라진다. 따라서 각기 모양이 다른 땅의 넓이를 공평하게 측정해야 했다. 엄밀하고 정확한 방법이 요구됐는데, 이건 수학의 영역이었다.

넓이를 측정하기 위해 고대인들은 직사각형을 이용했다. 가로 곱하기 세로를 하면 그 안에 포함된 단위 정사각형의 개수, 즉 넓이를 알 수 있기 때문이다. 이집트 인들은 이 사실을 일찌감치 알고 있었다. 약 3,500년 이전의 기록이 그걸 증명해 준다. 아메스(Ahmes)가 파피루스에 기록한 수학서 《아메스파피루스》에는 다음과 같은 정리가 있다.

· · · · · · · ·
4 헤로도토스, 《역사》, 천병희 옮김, 숲(2012), 223면.

"이등변삼각형의 넓이는 밑변의 반에 높이를 곱하여 구한다."

⇓

이등변삼각형의 넓이＝(밑변÷2)×높이

이 공식은 우리가 '밑변 ×높이÷2'로 외우고 있는 지금의 삼각형 넓이 공식과 일치한다. 기록자인 아메스는 이등변삼각형을 직각삼각형 두 개가 합쳐

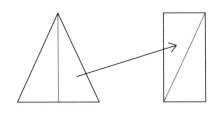

❘ 이등변삼각형의 넓이를 구하는 아메스의 풀이 과정 ❘

진 것으로 보고, 그중 하나를 적당히 움직여 전체를 직사각형으로 만들었다. 넓이를 바로 알기 어려운 도형을 분할하고 조작하여, 넓이를 알아낼 수 있는 다른 도형으로 바꿔 버렸다.

고대 이집트 인은 넓이 문제의 기본 원리를 정확히 이해했다. 그랬기에 그 원리를 바탕으로 현실적 문제까지 풀어낼 수 있는 응용 능력을 발휘할 수 있었다. 현실 문제를 수학으로 모델화시켰고, 그 모델을 통해 수학적 아이디어를 확장시켜 갔다. 현실적 요구를 해결해 주는 열쇠 역할을 하면서 수학은 시작됐다.

헤로도토스는 '기하학'이 이집트에서 창안되었다고 말했다. 기하학은 도형과 공간을 다루는 수학의 한 분야다. 기하학을 뜻하는 'Geometry'란 말은 '땅(Geo)을 측정(metre)한다'는 뜻으로, 이집트에서

부터 발달했다. 이집트 인은 기하학을 이용하여 길이를 측정하고 정확한 도형을 만들어냈다. 또한 다루는 범위가 넓으나 부피, 도형 간의 관계로까지 발전되면서 기하학은 사회 구석구석에 활용됐다. 이 현실적 기하학이 그리스의 추상적인 기하학으로, 지금의 다양한 수학으로 확장됐다.

기하학으로 터널 공사를 한 그리스 인

《역사》는 피타고라스의 고향인 사모스 인들이 기하학을 활용하여 이룩해 낸 위대한 업적을 소개한다. 사모스는 그리스의 한 섬이다. 섬에는 암페로스 산이 있는데 사모스 인들은 물을 끌어들이기 위해 산꼭대기와 산 밑을 관통하는 터널을 뚫어야 했다. 공사는 양쪽에서 동시에 뚫고 들어가 가운데서 만나는 방식으로 이루어졌다. 방향이 정확히 일치하지 않고서는 이뤄질 수 없는 공사였는데 결과는 성공적이었다. 사모스 인들은 불가사의한 터널 공사를 완성해 냈다. 터널의 실제 길이는 7스타디온(stadion), 약 1,240미터이다. 상세한 공사 과정은 적혀 있지 않지만 이 공사를 가능하게 한 것은 기하학이었다.

사모스 인들은 삼각비를 이용했다. 먼저 산 아래 두 지점을 빗변으로 하는 직각삼각형 B를 만들어 냈다. 다음 두 지점에 그 직각삼각형과 닮은 직각삼각형 A와 C를 또 만들었다. 직각삼각형 A, B, C의 빗변은 직선이 된다. 터널은 B의 빗변인데 이 터널은 A와 C의 빗변을 연장해 가도 된다. 사모스 인들은 A와 C의 빗변을 기준으로 삼고 빗변이

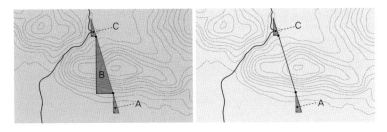

| 사모스 인들의 터널 공사 과정 |

가리키는 방향을 따라 양쪽에서 뚫어 갔다. EBS에서 제작한 다큐멘터리 〈피타고라스 정리의 비밀〉 1부에서 그 상세 과정을 설명하고 있다. 다시 한 번 말하지만 기하학이 아니고서는 완성할 수 없는 공사였다. 보이지 않는 것을 보이게 해 주는 마법이 수학의 힘 아니던가!

　고대의 기하학은 땅으로부터 출발해 이론으로 발전해 갔다. 하지만 기하학의 두 발은 여전히 땅에 머물러 있었다. 고개를 쭉 빼고 위를 바라보았지만 날지는 못했다. 기하학은 여전히 하나의 이론 체계로 자리 잡지 못한 채 문제의 해법을 찾아가는 사례별 수학에 머물렀다. 그런 수학들을 하나로 묶는 공통의 기준이나 방법은 제시되지 못했다. 이런 면모는 그 당시 사용됐던 단위만 살펴봐도 금방 드러난다. 《역사》에는 다양한 지역에서 사용됐던 측정 단위가 소개되어 있다. 그중 길이의 단위로 사용된 것을 모아 보자.[5]

• • • • • • • • •
5　헤로도토스, 《역사》, 천병희 옮김, 숲(2012), 918면.

1닥튈로스(daktylos)	1.85센티미터
1팔라이스테(palaiste)	7.4센티미터
1푸스(pous)	29.6센티미터
1페퀴스(pechys)	44.4센티미터
1왕실(basileios) 페퀴스	49.95센티미터
1오르귀이아(orgyia)	1.8미터
1플레트론(plethron)	29.6미터
1스타디온	177.6미터
1파라상게스	5.33킬로미터
1스코이노스(schoinos)	10.66킬로미터

단위와 단위 사이에 일정한 규칙이 보이는가? 1오르귀이아가 약
100닥틸로스, 1플레트론은 100푸스다. 100배라는 규칙이 보인다. 하
지만 그것뿐이다. 100배라는 규칙이 다른 단위로 더 확장되지 않는
다. 미터법에서 센티미터, 미터, 킬로미터 사이에 일정한 비율이 있는
것과는 대조적이다.

고대에는 여러 단위들이 일관된 규칙 없이 섞여 사용됐다. 이유는
간단하다. 각 지역에서 필요할 때마다 용도에 맞는 적절한 단위를 만
들어서 사용했기 때문이다. 다른 단위를 고려하여 새로운 단위를 만
든 게 아니라 용도에 맞는 것이면 무엇이든 상관없었다. 보폭이라든
가, 한 뼘이라든가, 발이나 팔 길이와 같이 신체의 일부가 주로 채택
됐다. 단위 간의 관계는 고려되지 않았다. 심지어는 같은 단위도 사람

과 지역마다 달랐다. 사람에 따라 한 뼘이나 보폭이 다르기 때문이다. 그래서 왕의 신체를 기준으로 정하기도 했다. 하지만 이마저도 왕이 바뀌면 다시 기준을 잡아야 했다.

고대의 단위가 보여 주는 혼란과 무규칙성은 고대 수학이 보여 주는 특징을 상징한다. 필요할 때마다 적절한 단위를 선정해 문제를 해결했듯이, 고대의 수학은 사례별 해법을 착실하게 발전시켰다. 그렇지만 해법 간의 관계나 이를 아우르는 체계를 이루지는 못했다. 급한 불부터 끄고 봐야 했기에 그 이상의 다른 점을 고려하지 못했다. 문제는 사안별로 다뤘고 해법은 각 문제별로 제시됐다.

3

피타고라스는
이솝을 이길 수 없다

·

《이솝 우화》
그리스의 작가 이솝이 지은 것으로 전해지는 우화집.
동물을 주인공으로 삼아 도덕과 처세에 대한 교훈을 풍자적으로 제시하였다.
현재 우리가 널리 읽는 것은 플라누데스가 편집한 것이다.

이솝과 피타고라스의 대결

걸음은 빨랐지만 낮잠을 자는 바람에 달리기 경주에서 거북이에게 지고 만 토끼 이야기.《이솝 우화》중 하나이다. 이솝(Aesop)은 놀랍게도 기원전 6세기, 그러니까 지금으로부터 2,600년 전 그리스 사람이었다.《이솝 우화》는 그만큼 역사와 전통을 자랑하는 이야기이다. 당시에《이솝 우화》는 어린이들을 위한 동화라기보다는 서민들의 생각을 반영한 이야기였으며 교훈과 웃음, 풍자가 담겨있는 문학 작품이었다.

이솝이 살았다는 기원전 6세기는 그리스에서 철학과 수학이 발달하기 시작한 시기였다. 탈레스(Thales)나 피타고라스와 같은 학자들도 이때 출현해서 활동했다. 게다가 활동한 지역마저 겹친다. 헤로도토스의 《역사》는 이솝을 아래와 같이 언급한다.

"그녀(로도피스)는 피라미드를 남긴 왕들보다 훨씬 후대 사람인 것이다. 그녀는 트라케 출신으로 사모스 사람인 헤파이스토폴리스의 아들 이아드몬의 노예였으며, 우화 작가 아이소포스의 동료 노예였다. 아이소포스도 이아드몬의 노예였음은 무엇보다도 다음과 같은 사실에 의해 입증된다. 델포이 인들이 신탁에 따라 누구든지 아이소포스의 사망 보상금을 수령하기를 원하는 자는 출두하라고 여러 차례 전령을 시켜 고지했을 때, 이아드몬과 이름이 같은 이아드몬의 손자 외에는 아무도 출두하지 않았다. 그래서 아이소포스가 이아드몬의 노예였음이 입증되었던 것이다."[6]

헤로도토스는 로도피스라는 여자 노예를 말하면서 그의 동료였던 아이소포스를 언급한다. 여기서 아이소포스가 이솝이다. 이솝은 이아드몬의 노예였다. 이솝 역시 전설적인 인물로 여겨지지만 소아시아의 프리기아 태생이라고 한다. 이솝은 사모스에서 노예 생활을 하다가 자유의 몸이 되었는데, 바빌론의 재상으로 등용될 정도로 맹활약하다가 그리스의 델포이에서 죽었다. 미움을 받았는지 누명을 쓰고 재판에 회부되었는데, 절벽 아래로 던져지기 전 스스로 뛰어내려 죽음을 맞이했다고 한다.

· · · · · · · · ·
6 헤로도토스, 《역사》, 천병희 옮김, 숲(2012), 134면.

사모스는 어떤 곳인가? 가장 대중적으로 알려진 수학자, 피타고라스가 태어난 곳이다. 탈레스가 활동했던 이오니아 지역(지금의 터키)과도 가까운 거리에 위치한다. 기원전 6세기라는 시기마저 일치하니 이솝과 피타고라스는 직간접적으로 만난 적이 있었다. 그런데 그 만남은 개인 대 개인의 사교적 만남이 아니라 당대의 지적 패권을 쟁취하기 위한 격돌이었다.

피타고라스는 사모스에서 태어나 20세 즈음에 사모스를 떠났다. 그리고 그리스의 다른 지역과 이집트, 바빌론을 돌아다니면서 견문을 넓히고 지식을 쌓았다. 그러다가 50대 중반을 넘긴 나이에 사모스로 돌아오는데 사모스 주민들은 그를 따뜻하게 맞아 주었다. 그간의 경험담을 듣고 싶어 하는 주민들의 제안을 받아들여 피타고라스는 강의를 시작했다.

피타고라스의 강의를 들은 사모스 주민들의 반응은 어땠을까? 학식과 경험을 두루 겸비한 그의 이야기에 열렬한 반응을 보였을 것 같지만 실상은 그렇지 않았다. 주민들의 반응은 썰렁했고 하나둘씩 자리를 뜨기 시작했다. 그의 강의는 완전히 실패했다. 피타고라스는 무척이나 실망했을 게다. 사모스 주민들의 홀대를 어떻게 설명할 수 있을까? 이솝과 관련하여 생각해 보자.

이솝은 기원전 6세기 초반이나 중반 사모스 섬에서 활동했다. 그는 노예였다가 자유인이 되었는데, 노예 시절 그의 주인은 크산티페라는 철학자였다. 크산티페는 사모스에서 학파를 형성할 정도로 영향력 있는 인물이었다. 이솝은 주인에게 주눅 들지 않고 언제나 당당하게 자기주장을 펼쳤다.

우화는 기원전 6세기부터 퍼지기 시작했고, 이솝은 우화를 정착시키고 널리 퍼뜨린 인물이었다. 이솝이 들려주는 우화는 인기가 매우 좋았고, 기원전 5세기 후반에 이솝의 이름은 그리스 전역으로 퍼졌다. 그리스 본토인 아테네에 건너가 이솝이 직접 이야기를 전할 정도였다. 플라톤(Platon)과 아리스토텔레스, 아리스토파네스(Aristophanes) 같은 사람들도 이솝 우화를 언급했다.

사람들이 우화를 좋아하는 건 당연하다. 재미있고, 짧고, 쉬우며, 교훈과 풍자까지 곁들여져 있으니 전파력이 강할 수밖에 없다. 게다가 이런 우화는 고대 그리스 인들이 정착시킨 문학 장르였다. 이솝 이전에 헤시오도스의 이야기에도 매와 꾀꼬리를 다룬 우화가 있었으나, 우화를 꽃피운 것은 이솝이다. 따라서 사모스 주민들 사이에 이솝 우화가 꽤 알려졌을 거라는 추측이 가능하다.

피타고라스는 불행하게도 이솝이 활동했던 시기 이후에 사모스로 돌아가 강의를 했다. 피타고라스의 출생 연도는 정확하지 않지만 기원전 6세기 초이다. 그가 사모스로 돌아가 강의를 시작한 것이 기원전 6세기 중반이 지나 기원전 5세기를 향할 무렵이었으니, 이솝의 이야기가 어느 정도 퍼지고 있거나 퍼지고 난 다음이다. 이솝과 피타고라스는 그렇게 사모스에서 격돌했다.

우화에 익숙한 사람들에게 피타고라스의 강의는 어땠을까? 피타고라스는 그가 평생 동안 쌓아 온 지식들을 가르쳤다. 수와 숫자, 기하학의 개념이나 공리, 자연수를 기반으로 한 우주론이나 철학 등등……. 이런 주제를 좋아하고 관심 있는 사람에게는 흥미로웠겠지만 일반인에게는 흥미롭지도 친숙하지도 않았다. 더군다나 사모스인들은 우화에 익숙해 있었다. 우화가 주는 재미와 즐거움을 맛보며, 우화를 소재로 한 대화나 이야기에 젖어 있었다. 그런 그들에게 피타고라스가 철학을 강의한 것이다. 처음에는 그의 강의를 들으려고 사람들이 몰려왔지만 한 마디로 재미가 없었다. 고생 고생해서 돌아온 피타고라스이지만 재미가 없으니 주민들이 그의 얘기를 들어줄 리 없었다. 몸에 좋은 약이 쓰다고 한들 자꾸만 사탕에 손이 가는 걸 막지 못한다. 피타고라스의 가르침은 동화에 익숙한 어린이에게 두꺼운 수학 문제집을 주며 열심히 공부하라는 것과 같았다. 사모스 인들에게는 얼마나 끔찍했겠는가!

이솝과 피타고라스의 첫 만남은 이솝의 승리로 가볍게 끝이 났다. 승리를 판가름한 기준은 재미가 아니었을까? 우화는 교훈마저도 짧고 재미난 방식으로 전달한다. 그러나 피타고라스는 그의 철학을 우화의 장점 안에 담지 못했다.

피타고라스의 사모스 재입성은 새로운 세계관의 도입이었다. 세계관이 다르면 말이 잘 통하지 않는 법이다. 이솝 우화가 시작되어 번져 가던 사모스였기에 전략과 전술이 필요했다. 피타고라스는 현실을 제대로 모른 채 그저 외치기만 하면 될 거라고 안이하게 생각했다. 그는 전달하는 메시지뿐만 아니라 방식을 좀 더 고민했어야 했다. 피타고라스가 우화적 형식을 빌려 가르침을 펼쳤다면 결과는 달라졌을 것이다. 진지하고 딱딱한 수학을 우화적 형식에 담아 전달했다면 사람들은 더 집중했을 것이고, 더 많은 사람들이 관심을 가졌을 테다. 그랬다면 피타고라스가 사모스 섬을 떠나지 않고 정착했을지도 모른다. 한 마디로 전략과 전술의 부재로 피타고라스는 실패했다.

사모스 섬을 떠나는 피타고라스

실패한 피타고라스는 결국 사모스 섬을 떠난다. 주민들에게 인기가 없어 폐강된 거였다. 피타고라스는 사모스 주민들을 안쓰러워하며 개탄했을 것이다. 수준 낮고, 무식하고, 삶의 의미라곤 눈곱만큼도 모르는 몰상식한 사람들이라고.

그렇지만 빈손으로 그냥 떠날 수는 없었다. 뭐 하나라도 챙겨야 했다. 피타고라스는 머리를 써서 제자 한 명을 꼬였다. 그는 쓸 만해 보이는 젊은이에게 접근해서 강의를 들어 주면 음식이나 숙소를 포함한 일체를 제공해 주겠다고 제안했다. 나이 들어 죽기 전에 자신의 가르침을 누군가에게 전해 주려 한다는 그럴싸한 핑계를 댔다. 생활이 어렵던 처지의 그 젊은이는 제안을 받아들였다. 손해 볼 게 없는 장사였으니 거절할 이유가 없었다.

피타고라스는 강의를 시작했고 강의가 끝나면 돈을 지불했다. 그의 메시지는 그렇게 돈을 타고 전달됐다. 젊은이는 강의도 듣고 돈도 받으며 행복한 시절을 보냈다. 하지만 결국 피타고라스가 갖고 있던 돈이 다 떨어졌다. 피타고라스는 돈이 없어 수업을 끝내야겠다고 솔

직하게 말했다. 돈으로 유지돼 오던 관계가 끊어질 찰나에 기적이 일어났다. 젊은이가 강의에 매료된 나머지 이제 돈을 내고 배울 테니 강의를 계속 해 달라고 했다. 피타고라스는 속으로 '아싸!' 했을 것이다. 사모스 지역에서의 첫 제자이자 마지막 제자는 그렇게 걸려들었다. 그 이후 피타고라스가 사모스를 떠나 이탈리아 남부의 크로톤으로 갈 때도 그는 스승을 따랐다. 그는 나중에 피타고라스학파의 사상을 다룬 단편을 저술했다고 하니 일당백의 역할을 한 셈이다.

사모스에서 결투를 벌인 이솝과 피타고라스 사이에도 유사점은 있다. 피타고라스에 관한 이야기 중에는 우화처럼 동물과 관련된 게 많다. 피타고라스는 영혼의 존재를 믿었고, 그 영혼이 다른 사람이나 동물로 다시 태어난다는 윤회설도 믿었다. 그래서 동물과 관련된 피타고라스의 일화가 많이 전해진다.

하루는 어떤 개 한 마리가 주인에게 심하게 두들겨 맞고 있었다. 이걸 본 피타고라스는 주인에게 가서 이렇게 말했다.

"당장 때리기를 멈추시오. 개의 신음 소리를 듣고 안 것인데 이 동물은 지난 생에서 나의 친구였던 아비데스의 영혼을 담고 있소."[7]

피타고라스는 다시 태어난 영혼을 알아볼 수 있는 영적인 감수성과 안목을 갖고 있었다. 그에게 개와 사람은 전혀 다른 동물이 아니었다. 동물과 사람 사이의 구분은 《이솝 우화》처럼 명확하지 않았다.

또 다른 일화도 있다. 어느 지방에 곰이 자주 나타나 농장을 파헤쳐

---

7 존 스트로마이어 · 피터 웨스트브룩, 《피타고라스를 말하다》, 류영훈 옮김, 통크(2005), 73면.

서 망치곤 했다. 농장뿐만 아니라 사람들에게 상해를 입혀 그 피해가 심각했다. 이를 내버려둘 수 없었던 피타고라스는 곰에게 다가가 부드럽게 쓰다듬어 주면서 옥수수 같은 먹이를 손에 담아 먹여 줬다. 그러고는 사람이나 다른 동물에게 피해를 주지 말고 돌아가라고 말했다. 그 말을 듣고 나서 곰은 산으로 돌아갔는데 다시는 피해를 주지 않았다.

마치 《이솝 우화》의 한 장면을 보는 것 같다. 사랑과 존경의 마음을 갖고 다가가면 통하지 않을 게 없다는 교훈을 주는 우화. 피타고라스에 관한 우화는 피타고라스 당대나 사후 다른 사람에 의해 만들어졌는데, 우화를 좋아한 사람들이 우화의 형식을 빌려 피타고라스의 위대함을 기린 이야기 같다.

그리스를 뒤흔든 '제논의 역설'

이솝 우화와 피타고라스의 결투는 사모스에서 끝나지 않았다. 곧이어 제2라운드가 장소를 옮겨 시작됐다. 전투의 구체적인 모습은 하나의 이야기에 담겨 있다.

고대 그리스로부터 시작된 유명한 수학 이야기가 하나 있다. 공교롭게도 《이솝 우화》 중 하나인 토끼와 거북이의 경주 이야기와 비슷하다. 《이솝 우화》에서 토끼는 자신의 달리기 실력을 믿고 낮잠을 자 버렸다. 느리지만 성실했던 거북이는 결국 승리했다. 그런데 토끼가 아무리 열심히 달리더라도 거북이를 따라잡을 수 없다는 주장으로 그리스를 떠들썩하게 만든 새로운 이야기가 등장했다. 《이솝 우화》가 등장하고 난 다음인 기원전 5세기 중반경의 일이었다. 이솝 우화가 그리스 전역으로 퍼진 시기였으니, 《이솝 우화》를 패러디했음에 틀림 없다. '아킬레우스와 거북이의 경주'라는 제목으로 살짝 바뀐 이 이야기를 꾸며낸 인물이 바로 제논(Zenon)이다.

제논은 기원전 5세기 초에 태어나 5세기 중반까지 활동한 그리스의 철학자이다. 그는 자기가 속한 엘레아학파의 주장을 효과적으로 전달하려고 토끼와 거북이 이야기를 패러디했다. 우화는 쉽고 간단해서 제격이었다. 이 점에서 그는 피타고라스보다 한 수 위였다. 내용을 전달하는 형식까지 고려할 줄 아는 센스가 있었다. 그가 만든 이야기는 아직까지도 수많은 사람들의 입에 오르내리고 있다.

제논은 토끼 대신에 《일리아드》의 중심인물인 아킬레우스 장군을 데려왔다. 거북이가 앞서 있고 아킬레우스는 뒤에 있다. 둘이 달리기 시합을 하는데 제논은 아킬레우스가 거북이를 영원히 따라잡을 수 없다고 결론을 내린다. 아무리 봐도 말이 안 되는 이야기인데 제논이 그럴싸하게 말하는 바람에 사람들은 헷갈리기도 했다.

100미터 뒤에 있던 아킬레우스가 거북이를 향해 달린다. 100미터를 왔지만 거북이는 없다. 그사이 거북이는 10미터 앞에 가 있었다. 아킬레우스는 다시 10미터를 뛰어갔지만 거북이는 또 거기에 없다. 그 시간 동안 1미터 앞에 가 있었기 때문이다. 이런 식으로 아킬레우스는 거북이를 따라가고 거북이는 조금씩 도망간다. 아킬레우스는 가까이 접근만 할 뿐 영원히 거북이를 따라잡지 못한다.

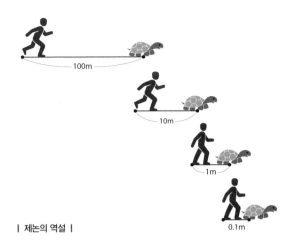

| 제논의 역설 |

제논의 방법은 효과적이었다. 사람들은 제논의 이야기를 쉽게 이해했고, 그 이야기가 말도 안 된다고 당당하게 반박했다. 이해가 안될 것도 없고 이야기의 결론이 틀렸다는 걸 불안해 할 필요도 없었다. 그렇다면 제논은 실패한 게 아닌가? 그의 주장이 제대로 먹혀들지 않았으니 말이다. 그러나 사실 제논이 노린 건 사람들의 동조가 아닌 반박이었다. 그는 사람들이 마구마구 반박해 주기를 간절히 기다리고 있었고, 그의 시도는 대성공이었다.

제논은 '이 세계에 존재란 하나뿐이며 고로 운동과 변화란 애당초 없다'고 주장하고 싶었다. 우리가 그렇게 보는 건 착각이라고 말이다. 제논이 속한 엘레아학파는 감각과 경험보다는 논리를 우선했다. 감각은 우리를 속이기도 하고 기만하기도 한다. 감각이 아닌 논리, 논리만이 정확한 지식이라고 했다. 제논은 논리를 통해 본인의 주장을 펼치려고 아킬레우스와 거북이 이야기를 만들었다.

아킬레우스가 거북이를 영원히 따라잡지 못한 데에는 하나의 가정이 있다. 시간과 공간은 무한히 분할 가능하다는 거다. 아무리 짧은 거리도 쪼갤 수 있고, 그 거리를 가는데 시간은 소요된다. 제논의 의도는 이 가정이 잘못됐다는 걸 보여 주는 것이었다. 정말 아킬레우스가 거북이를 따라잡을 수 없다고 주장하려던 게 아니었다. 오히려 그 주장이 말도 안 된다고 사람들이 나무라기를 바랐다. 대체 왜? 그 이야기가 잘못된 거라면 그것은 시간과 공간을 쪼갤 수 있다는 가정 때문이다. 제논은 이 가정에 문제가 있다는 걸 역설적으로 보여 주었다.

시공간을 무한히 분할할 수 있다는 건 피타고라스학파의 주장이었다. '두 수 사이에 무수히 많은 수가 있듯이 시간과 공간도 무한히 쪼갤 수 있다'고 주장하는 피타고라스학파를 공격하기 위해, 제논은 피타고라스 학파의 주장을 근거로 역설을 만들어 냈다. 이 이야기의 결론이 잘못됐다면 그건 피타고라스학파의 주장이 잘못됐기 때문이었다.

제논의 이야기는 당대에 엄청난 영향을 미쳤다. 결론이 잘못됐다는 걸 모두 알았지만 어디가 문제인지 알지 못했다. 심증은 있으나 물증이 없었다. 선택은 둘 중 하나였다. 시간과 공간을 쪼갤 수 있다는 전제가 잘못됐다고 인정하거나, 아킬레우스가 거북이에게 다가가지 못한다는 걸 인정하는 것. 어느 것이든 제논으로서는 손해 볼 게 없는 장사였다.

제논을 막아내지 못한 그리스 수학계

아킬레우스가 거북이에게 다가가지 못한다는 건 심각한 결과를 야기했다. 거북이 자리에 다른 대상을 집어넣어 보자. 나는 너에게 다가가지 못하고 내 발은 한 발짝도 앞으로 나아가지 못한다. 즉 운동이란 불가능하다. 이게 제논의 본색이었다. 이런 덫이 있었다는 걸 알 리 없는 사람들은 우화라는 미끼를 덥석 물었다. 우화의 힘을 최대한 활용한 제논의 재치가 돋보인다.

제논의 역설을 막아내지 못한 그리스 수학계는 어쩔 수 없이 운동과 변화가 가능하다고 전제하는 조치를 취해야 했다. 두 점을 자로 이어 직선을, 두 점을 컴퍼스로 연결해 원을 그릴 수 있다고 약속하고 시작했다. 우화 하나가 수학계 전체의 판도를 바꿔버린 셈이다.

이솝에 패한 피타고라스는 제논에게도 패했다. 우화와 수학의 싸움은 우화의 승리였다. 우화라는 무기는 철학이라는 피타고라스의 방패를 가볍게 뚫어 버렸다. 우화는 방패의 약한 지점을 찾아내서 그곳만을 공략하는 탁월한 전법을 구사했고, 이 전법은 그대로 먹혀들었다.

그러나 전쟁은 제2라운드로 끝나지 않았다. 경험적으로 사례를 다뤘던 《이솝 우화》 그리고 보편적이고 추상적 기호를 앞세운 피타고라스. 이 둘의 싸움은 계속 이어졌다. 사회가 복잡해지면서 우화적 사고만으로 모든 문제를 해결하기에는 역부족이었기 때문이다. 각 사례에 따라 우화로 대처하는 건 일관적이지 못해 모순을 야기하고 새로운 문제를 적극적으로 해결하는 데 한계가 있다. 이때 철학이 필요해진다. 이럴 때는 보편적이고 체계적인 지식이 한계를 극복하는 데 효과적이다. 이솝과 피타고라스의 후손들은 역사의 면면에서 전투를 계속하게 된다.

4

6이 악마의 숫자가 된 것은
7 때문이다
●

《성서》
개별 종교들의 기본 경전.
그중 본 책에서는 기독교의 성경을 의미한다.
기원전 10세기경으로부터 기원후 2세기에 이르는 동안에 저자와 내용,
형식과 부피가 다르게 기록된 66권의 책을 묶은 것이다.
《구약성서》와 《신약성서》로 나뉜다.

모든 것은 7 때문이다

666은 악마의 숫자다! 이 소문의 출처는 《성서》이다. 《성서》의 마지막 부분인 〈요한계시록〉을 보면 다음과 같은 구절이 있다.

"지혜가 여기 있으니 총명한 자는 그 짐승의 수를 세어 보라. 그것은 사람의 수니 그의 수는 육백육십육이니라."

짐승은 악마를 뜻하는데 그 짐승의 수가 666이라는 거다. 한때 지로 용지나 물건에 찍히는 바코드가 666의 상징으로 여겨진 적이 있다. 최근에는 환자의 병력을 추적하기 위해 몸에 삽입하는 베리칩

(VeriChip)[8]이 666이라며, 베리칩이 사용되는 때가 종말이라고 주장하는 사람도 있다. 미국에서는 고급 재료를 사용한 악마 햄버거가 출시되었는데 가격이 666달러였다. 이 햄버거의 빵 위에는 악마를 상징하는 오각형의 별모양, 펜타그램(Pentagram)이 찍혀 있다. 2006년 6월 6일은 6이 세 번 겹친다는 이유로 100년 만에 돌아온 악마의 날로 여겨지기도 했다.

666이 구체적인 사람과 연결될 때도 있다. 이 경우 그 사람은 악마 또는 악마를 대신하는 사람으로 지목되곤 한다. 미국의 전 대통령 로널드 레이건과 미디어 재벌 로버트 터너도 지목됐다. 이름이 각각 'Ronald Wilson Reagan'과 'Robert Edward Turner'로 세 어절 모두 알파벳이 여섯 글자씩 사용되었기 때문이다. 네로(Nero) 황제나 나폴레옹(Napoléon), 아돌프 히틀러(Adolf Hitler), 심지어는 마르틴 루터(Martin Luther)도 666이라고 불렸다. 이름의 알파벳에 부여된 수를 다 더하면 666이 되기 때문이다.

김정일이 666과 관련되기도 했다. 북한 체제를 달갑지 않게 생각하는 집단이 악마적이라는 이유로 그렇게 연결 지은 것이다. 적절한 근거도 찾아냈다. 김정일의 생일은 2월 16일인데, 6을 세 번 곱하면 216이 된다. 게다가 북한은 스스로 한반도에 세워진 여섯 번째 나라라고 얘기한다. 김정일이 대의원으로 선출되었을 때 그의 선거구는 666번

•••••••••
8 생체 검증을 위하여 사람의 피부밑에 삽입하는 체내 이식용 마이크로 칩. 쌀알 만한 크기의 실리콘 유리 튜브 속에 126개의 정보 문자와 데이터 전송용 전자 코일, 동조 콘덴서 등이 들어 있다. 처음에는 의료 인명 구조용으로 사용되었으나 이제는 보안 목적으로도 사용된다.

이었다.

　한 사람이 666의 당사자가 되는 경로는 이렇듯 다양하다. 이런 식이면 누구든 666이 될 수 있다. 맘만 먹고 찾아낸다면 어떤 사람을 666으로 만드는 건 어렵지 않다. 귀에 걸면 귀걸이, 코에 걸면 코걸이다. 이런 참사의 원인은 《성서》에 있다. 《성서》는 666의 뜻이나 대상을 정확하게 밝히지 않았다. 그 결과 바라보는 사람의 입맛에 맞게 달리 해석될 여지를 처음부터 제공하였다. 수학이 종교와 결합되어 사람을 잡는 방망이가 되어 버린 셈이다.

　6이란 숫자가 악마와 연결된 데에는 나름대로의 수학적인 이유가 있다. 한 사람이나 집단을 무턱대고 악마로 몰아갈 수는 없지 않겠는가! 근거와 이유를 제시해야 다른 사람이 동조할 테니까 말이다.

　《성서》의 첫 부분은 천지 창조에 관한 내용으로, 우주가 어떤 과정을 거쳐서 지금의 우주로 자리 잡았는지 차례차례 기술하고 있다. 혼돈하고 공허한 상태에서 빛을 만들고, 밤과 낮을 만들고, 하늘과 땅을 만들고……. 창조의 모든 과정은 사람에서 정점을 찍고 휴식으로 마무리된다. 이 모든 존재를 창조하는 데 걸린 기간은 7일이었다. 딱 7일, 신께서 우주를 창조하는 데 걸린 시간이다.

　그럼 숫자 7을 사람들은 어떻게 생각할까? 선하고 완전한 신께서 창조 과정에 들여 쓴 수라면 결코 부정적일 리 없다. 7은 완전하고 신비하며, 온전한 한 단계를 뜻하는 좋은 수이다.

　7의 흔적은 많다. 일곱 번째 해를 안식년, 7년을 일곱 번 거친 다음

해(50년째 해)는 희년(禧年)이다. 이때는 빚을 탕감해 주고 땅도 쉬게 하고 주인에게 돌려주었다. '요셉'이란 인물은 꿈에서 7년의 풍년과 7년의 흉년을 본다. 죄를 속죄하기 위한 제사에서 그들은 동물 일곱 마리를 제물로 바친다. 7은《성서》의 마지막 부분까지도 일관되게 등장한다.

6이 사탄이나 악마의 수로 여겨진 이유는 7 때문이다. 6은 7보다 1이 작은 수(6=7-1)다. 7에 하나 못 미친다. 이는 악마의 속성과 비슷하다. 악마도 매우 똑똑하고 지혜롭다. 천사나 선한 사람을 꼬여 나쁜 짓을 하게 하려면 교활한 입술과 지혜가 필요하다. 그러나 악마는 결코 천사를 이기지 못한다. 천사에 비해 하나 부족하다. 한 끗 차이인 6일 뿐이다. 666은 이런 특성을 지닌 6이 세 번 반복되어 악마적 속성이 6에 비해 더 강해진 수다. 666으로 지목된 사람은 악질 중의 악질이 되어 버린다.

14만 4,000도 666처럼《성서》속의 수가 구체적인 사람과 연결되는 대표적인 경우다. 〈요한 계시록〉에 다음과 같은 구절이 있다.

"그들은 보좌와 네 생물과 그 장로들 앞에서 새 노래를 부르고 있었습니다. 땅에서 구원을 받은 십사만 사천 명 밖에는 아무도 그 노래를 배울 수 없었습니다."

구원을 받은 사람의 수가 14만 4,000명이라는 뜻이다. 이 구절은 사회적으로 많은 물의를 일으키기도 했다. 그 수만큼만 구원받는다 하여 그 안에 들어가기 위해 사람들을 경쟁하도록 부추기기도 하고, 그 수가 차면 때가 된 거라며 교세를 확장시키는 교리로 사용되기도 했다. 우리나라만 하더라도 이런 종파가 많았다.

14만 4,000이란 수는 어디에서 온 것일까? 이 수는 기본적으로 12로부터 파생됐다. 12는 1년 열두 달에서 보듯 하나의 세계를 충만하고 완전하게 분할하는 단위로 사용됐다. 황도 12궁이라고 해서 별자리와도 관계가 있다.

12는 완전함을 뜻하여 《성서》에는 대상을 열두 개로 구분한 경우가 많다. 이스라엘에는 12지파가 있는데, 12지파이기에 제단이나 성전 등과 관련될 때 열두 개가 기본이 된다. 열두 개의 성문, 열두 개의 촛대, 열두 자 길이의 화덕, 열두 마리의 제물 등……. 예수의 제자 또한 열두 명이었다.

12를 제곱한 144도 같지만 다른 차원에서 사용된다. 〈요한 계시록〉에서 성벽의 치수를 재어 보니 144큐빗이었는데, 이를 천사의 치수라고 했다. 만약 12지파 각각에서 열두 명을 뽑으면 144명이 된다.

14만 4,000은 144에 10의 다른 차원인 1,000(10의 세제곱)을 곱해서 나온 수이다. 사람의 수이니 너무 작지도 크지도 않은 크기로 택한 수일 것이다. 온전한 사람의 집합이란 의미를 가진 상징적 수이다.

종교는 단순한 믿음에 그치지 않는다. 믿음을 넘어서서 삶의 전반을 포괄하고 관여한다. 선악의 판단과 구분은 기존의 종교에서 행해 온 중요한 기능 중 하나였다. 뭔가를 세밀하게 판단하는 데 이성만큼 효과적인 것은 없다. 이성을 통해 기준과 근거를 제시할 때 종교적 메시지는 더욱 힘을 받게 된다. 이 힘이 잘못 사용될 경우 물리적인 폭력으로까지 이어진다. 666이나 14만 4,000처럼!

《성서》에서 수를 사용하는 의도는 메시지를 잘 전달하기 위해서다. 사실을 사실답게 전하기 위해 구체적이고 정확하게 보여 주려는 것이다. 사실보다는 의도에 방점이 찍혀 있다. 그걸 배제한 채 사실로 받아들일 경우, 의도에 충실하여 도입된 수학은 갈등의 씨앗이 되어 버린다.

기독교 시작의 한 축, 증명의 수학

사람에게 최고의 베스트셀러는 사람 이야기가 아닌 신 이야기《성서》이다. 《성서》는 신이 살아 있으니 신을 믿으라고 말한다. 삶의 구석구석까지 신의 손길이 닿지 않는 곳이 없다고도 한다. 그러나 사람들은 실상 그렇게 느끼지 않는다. 《성서》의 외침과는 반대로 일상 세계는 신과 무관하게 흘러간다. 《성서》 기록자들은 이 문제를 의식하고 특별히 신경을 썼다. 그들은 신을 보여 주거나 증명하려 했다.

예수 이전에 쓰인《구약성서》에서도 신을 증명하려는 시도는 꾸준히 있어 왔다. 이때의 증명법은 신을 보여 주거나 경험하게 하는 것이었다. 모세에게 사람들이 신을 보여 달라고 간청했던 게 대표적이다. 구약에서 신은 예언을 이루거나, 바람이나 불 또는 재앙과 같은 경험적인 방법으로 증명되곤 했다.

경험적 증명법은《신약성서》에도 보인다. 《신약성서》는 여러 경험적 증거를 통해 예수가 그리스도임을 증명한다. 예수는 자신의 미래를 예언하는데 그 예언은 그대로 성취됐다. 예수는 그가 죽을 것이라는 걸, 죽고 난 다음 다시 살아나리라는 것을 정확히 예언했다.

예수의 수상한 행적 또한 태초부터 예고된 것들이었다. 천사가 나타나 예수의 어머니에게 처녀인 상태로 아들을 낳을 것이라고 예언했다. 《성서》는 이 행적 뒤에 《구약성서》의 한 부분인 〈이사야서〉[9]의 구절을 대비시켰다.

"그러므로 주님께서 친히 다윗 왕실에 한 징조를 주실 것입니다. 보십시오, 처녀가 잉태하여 아들을 낳을 것이며, 그가 그의 이름을 임마누엘이라고 할 것입니다."

이 구절은 처녀 몸에서 태어났다는 예수의 기이한 행적이 오래전 예언된 것임을 증명한다. 실제로 예수가 처녀인 어머니에게서 태어났는지는 미지수다. 예언을 보고 그리 맞추었을 수도 있다. 예수가 예언된 인물이라는 주장을 정당화하기 위해 기록자들은 쓸 만한 증거를 모조리 수집하고, 필요하면 적절하게 만들어 냈다.

예수에 대한 증명에 있어서 매우 중요한 인물이 '바울(Paul)'이다. 그는 예수를 널리 전파하여 기독교 신학의 초석을 다졌다. 그는 예수와

....
9 《구약성서》의 대예언서. 이사야(Isaiah)가 쓴 예언서로, 이스라엘 및 여러 국가에 대한 예언과 여호와의 궁극적인 승리에 대한 내용이 기록되어 있다.

같은 유대 인이었지만 이스라엘 땅에서 태어나지 않았다. 지금의 터키 동남부 지역인 다소가 그의 고향이며, 다소는 로마에 속해 있었다. 바울은 로마 시민권을 가졌고 그리스 문화의 교육을 받으며 성장했다. 그리고 예수를 믿는 자들을 열심히 핍박하다가 예수가 죽은 이후 예수를 믿게 되어 버렸다. 그는 과거의 잘못을 깊이 뉘우치며 평생을 예수를 전파하는 데 열중했다.

바울은 당대의 뛰어난 지식인이었다. 로마 시대였지만 지식의 원류는 고대 그리스였다. 수학과 철학의 나라이자 증명이라는 독특한 지식을 생산하고 향유했던 곳, 그리스. 바울은 그리스 특유의 사고방식인 '증명'에 익숙했을 것이다. 증명의 방법과 기술에 대한 지식도 충분했으리라. 그래서인지 그는 행동과 예언을 연결시키는 단순한 증명법을 탈피했다. 경험적 증명법은 한계가 있었다. 예언과는 전혀 다른 행적을 통해 예수를 부정하는 것도 가능하다.

구약에는 다양한 예언이 있었다. 만약 예수가 어떤 예언은 이루었지만 어떤 예언은 이루지 못했다고 치자. 성취된 예언만 보는 이와 성취되지 못한 예언만 보는 이의 결론은 정반대일 것이다. 경험이 다르기에 결론도 달라진다. 경험적 방법의 한계다. 다른 경험을 갖고 있는 이에게 다른 주장은 전혀 먹히지 않는다.

예수가 처녀에게서 태어나리라는 예언만 있었다면 예수는 예언된 사람이라고 주장할 수도 있다. 하지만 구약에는 다른 예언도 있다.

〈예레미야서〉[10]에는 예수가 다윗의 가문에서 태어난다고 했다. 분명 육신의 혈통을 통해 올 거라고 되어있다. 이 예언으로 보면 처녀의 몸에서 태어난 예수는 성경에서 예언된 사람이 아니다. 경험만으로 완벽한 증명을 한다는 건 불가능하다.

바울은 경험이 아닌 이론을 택했다. 경험을 보조하는 수단으로서의 이론이 아니라 경험을 초월한 추상적 이론으로 말이다. 그는 예수를 마음보다는 머리로 받아들이게 했다. 그리고 예수가 정답임을 이해하도록 이론을 택했다. 빈틈없는 과정을 통해 증명을 완성해 내듯 이론적으로 완전한 틀을 짜 맞추었다. 그의 야심찬 계획하에 예수의 죽음과 부활이라는 신화 같은 사건은 새로운 옷을 입게 된다.

바울은 《성서》를 재해석해 신 이야기 자체를 달리 써 버렸다. 기존의 관점인 경험적 이야기만으로는 논쟁의 여지가 있어 완전한 증명이 어려워 보였다. 판을 다시 짜야 했다. 바울은 인류의 역사를 죄의 역사로, 인류의 죄를 용서해 주고 구원해 주는 존재를 신으로 설정했다. 예수는 그 역사의 열쇠를 쥔 자였다. 예수는 타락한 인간을 구원하기 위해 죗값을 대신한 제물이 됐다. 제물이 피를 흘려야 마땅하듯 예수의 죽음은 당연했다. 예수의 부활 역시 죽음을 극복한 자로서 당연한 결과였다. 바울은 예수 같은 인물이 필요할 수밖에 없도록 이야기를 구성함으로써 예수를 신학적으로 증명했다.

바울로 인해 기독교는 교리를 갖춘 종교로 살아남았다. 당대의 학

· · · · · · · · ·
10 《구약성서》의 대예언서. 예레미야(Jeremiah)가 쓴 예언서로, 바빌로니아가 예루살렘을 침략한 시기에 행한 예레미야의 활동과 예언 그리고 신의 사랑과 공의(公義)에 의한 구원의 희망이 기록되어 있다.

문에 조예가 깊었던 그는 기독교를 당대의 코드에 맞게 변신시켰다. 바울에 의해 예수는 이론화됐고 그 작업을 통해 기독교의 역사는 시작됐다. 《구약성서》의 증명이 신을 보여 주는 것이었다면, 바울의 증명은 신을 이해하도록 증명하는 거였다. 이 변화는 증명의 정신이 일어난 것과 일맥상통한다.

수학에서 이론적 증명이 등장한 것은 기원전 6세기 고대 그리스였다. 그 이전에 증명이란 존재하지 않았다. 풀이가 맞았는지의 여부는 대체로 경험에 의지했다. 실제로 풀어 보고 별다른 문제가 드러나지 않고, 큰 오차 없이 문제가 해결되면 맞는 것으로 결론을 냈다.

그런데 증명이 등장하면서 상황은 달라졌다. 경험은 사라지고 이론이 중요해졌다. 작은 오차라도 존재하면 그 주장은 틀렸다. 권위나 전통, 경험적 방법만으로는 완전한 증명을 해낼 수 없다. 문제가 무엇인지 정확히 밝히고 근거를 통해 결론을 도출해야 한다. 증명이 일반화되면서 어떤 주장도 증명을 거쳐야만 했다. 신마저도 증명의 대상이 되어 버렸다.

신마저도 증명해야 하는 세상, 종교가 종교의 역할을 하기 쉽지 않은 세상이다. 종교적 활동을 하기 이전에 스스로를 먼저 증명해 내야 한다. 철학이나 수학과 같은 학문이 종교에서도 중요한 역할을 하게 됐으며, 주장을 정당화하기 위해 언어와 이론이 중요해졌다. 설법이나 설교 같은 활동이 종교의 핵심처럼 간주돼 버렸다. 행위가 아닌 믿음의 문제인 것처럼 종교가 여겨지는 데에는 증명이 한몫했다.

각자의 신을 증명하고자 하는 열정과 욕심은 종교 간 갈등의 불씨가 돼 버렸다. 주장은 또 다른 주장을, 논쟁은 또 다른 논쟁을 불러오는 법이다. 이론으로 신을 믿게 하고 종교를 받아들이게 하려는 시도는 애당초 불가능하다. 종교는 증명의 환상에서 속히 벗어나야 한다.

《성서》는 수학적이지 않아서 살아남았다

《성서》, 가장 많은 사람에게 영향을 준 책이다. 《성서》가 마지막으로 기록된 지 거의 2,000년이 지난 지금도 그 영향력은 여전하다. 시대에 따라 그 내용이 달라지는 것도 아닌데 《성서》는 시대마다 살아서 움직인다.

《성서》의 장수 비결은 수학 때문이다. 《성서》가 수학적으로 완벽하게 쓰였다는 뜻이 아니다. 《성서》에는 수학적 요소가 분명히 존재하지만 본질적으로 수학적이지 않다. 수학적 요소를 빌리고 있지만 《성서》는 구성 방식이나 메시지가 철저하게 수학을 초월해 있다.

수학은 이성의 정점에 있는 언어다. 이성을 중요시하는 문명권에서 수학은 매우 중요한 위치를 차지한다. 허나 우리의 삶이 이성만으로 해결되고 풀리는 건 아니다. 이성이 아닌 그 무언가가 필요할 때가 있다. 《성서》는 바로 그 부분, 수학으로 포착할 수 없는 영역을 주로 다룬다. 《성서》는 비(非)수학적이거나 수학을 초월해 있기에 이제껏 인류와 함께 해 왔다.

수학의 출발은 용어의 뜻을 명확히 밝히는 것이다. 그걸 '정의'라고 한다. 음수와 관련된 수학을 배운다 치자. 가장 먼저 배우는 게 음수의 정의다. 음수란 0보다 작은 수로써, 수직선 위에서 0보다 왼쪽에 있는 수를 말한다.

수학은 불명확하고 불분명한 말이나 미사여구를 사용하지 않는다. 누구도 오해의 소지가 없게 하기 위해서다. 그런데《성서》는 모든 게 모호하다. 어떤 부분에서도《성서》에서 다루는 대상이 뭔지 정의하지 않는다. 666을 쓰면서 6의 의미를 밝히지 않은 것처럼, 신에 대해서도 마찬가지다. 어떤 신인지, 무슨 의미의 신인지를 전혀 밝히지 않았다. 게다가 신을 찬양하는 미사여구는《성서》에 또 얼마나 많은가!

용어조차 제대로 정의되지 않은 책은 수학에서 다뤄지지 않는다. 수학은 명제만을 다룬다. 명제는 참과 거짓을 구별할 수 있어야 한다. 용어의 뜻을 제대로 모르는데 참과 거짓을 구별한다는 건 불가능하다.

《성서》는 수학으로 판단 불가능한 이야기를 주제로 다룬다. 철저히 수학을 벗어나 있다. 이러한《성서》가 수학이 중요시되는 문명에서도 여전히 그 위세를 떨친다는 게 불가사의하다.

경전이란 그 종교의 가르침이나 교리를 적어놓은 책이다. 보통의 경전은 도가 됐든, 진리가 됐든, 신이 됐든 간에 뭔가를 자세하게 풀어서 설명해 준다. 인생과 우주 그리고 나와 우리에 대해 알려 준다. 경전을 보면 그 종교의 메시지가 뭔지, 주장이나 지향하는 바가 뭔지 파악할 수 있다. 하지만《성서》는 다르다.

《성서》는 유대 인의 신 이야기다. 그렇지만 신이나 신의 메시지를 주로 설명하지 않는다. 그 신을 믿고 따랐던 유대 인들이 걸어온 길을 적어 놓았다. 척박한 땅에서 살아남아야 했던 유대 인들의 고난과, 그 고난을 극복하기 위해 신에게 매달렸던 투쟁의 역사다. 기록 과정도 그 사실을 말해 준다.

《성서》는 크게 두 시기에 집중적으로 기록되었다. 첫 번째는 그들이 바빌론에 포로로 끌려갔던 기원전 8세기이며, 두 번째는 예수가 죽고 수십 년이 흐른 기원후 1~2세기였다. 바빌론의 포로 시절 그들은 자신들만의 신전에서 안락하게 종교 생활을 할 수 없었고 민족적 정체성을 잃을 위기에 처했다. 그들은 문자를 통해 선조들의 종교적 가르침을 기록하며 되새겼다. 예수의 죽음 이후 제자들도 비슷한 위기를 겪었다. 스승은 돌아가시고 상황은 그들이 바라는 대로 풀리지 않은 채 점점 어려워졌다. 제자들은 보고 들은 바를 기록하여 후세에게 전해야만 했다.

기록자들은 자신들의 기록이 《성서》의 한 부분이 될 거라는 걸 몰랐다. 많은 기록 중 엄선된 글이 지금의 《성서》로 묶인 건 훗날의 일이었다. 서기 90년경에 구약 39권이, 서기 397년에 신약 27권이 채택됐다. 자신의 글이 《성서》가 될 거라는 걸 알았다면 더 신경을 썼겠지만, 당대의 기록자들은 《성서》에 실릴 줄 모르고 감동에 젖어 글을 썼을 뿐이다. 감동에 젖어서 자신의 경험을 쓴 글이 얼마나 객관적이고 일관될 수 있을까?

《성서》 기록자들의 의도는 분명했다. 사람들이 신념을 잃지 않고 가르침을 붙잡으며 살아가도록 하려는 거였다. 그들이 처한 어려운 상황을 해석해 주고, 다가올 새 시대를 바라보며 살아 내도록 격려하고자 했다. 그 의도를 달성하기 위해서 그들은 뭐든 주저하지 않고 썼다. 물에서 빠져나오는 데 지푸라기가 문제며 막대기가 문제였겠는가! 수학이 필요하다면 기꺼이 가져다 썼다. 그러다 보니《성서》는 일관되지 않고 다양한 관점이 뒤죽박죽 섞여 있다. 비수학적이다.

수학은 고대로부터 지금까지 논리를 바탕으로 하나의 체계를 구축했다. 어느 시대의 누구든지 수학에 입문한 자는 그 체계의 토대 위에 새로운 수학을 만들고 확장해야 한다. 그 방법도 명확하게 드러나 있어 시대와 장소가 다르더라도 쉽게 접속이 가능하다. 수학은 광활하지만 하나의 세계이다.

《성서》는 반대다.《성서》는 하나의 세계가 아니라 많은 세계가 공존하고 있다. 다양한 시기에 다양한 사람에 의해 기록됐기 때문이다.《성서》는 총 66권의 기록이 묶인 것인데 기록자가 다양하다.《성서》에는 수학처럼 누구나 참고하고 기준으로 삼을 양식은 물론이고 정해진 지침도 없다. 기록자는 항상 시대적 입장에서 글을 썼기에, 아무리 신중하게 썼다고 하더라도 시대와 장소를 초월하여 논리 정연한 글이 될 수는 없었다.

사람이 달랐던 만큼 방법이나 관점도 달랐다. 의도에 충실했다는 사실을 빼고는 모두 달랐다. 마음은 하나였지만 몸은 제각각이었다. 수학이 몸도 마음도 하나라는 사실과 대비된다. 개념은 모호하고 의미는 다양하며, 사실과 거짓은 애매하게 뒤섞여 있다. 의도에 충실하여 쓰였기에《성서》는 이상과 현실을 자유분방하게 넘나들었다.

수학적 논리를 고집한다면《성서》를 볼 필요가 없다. 아니, 볼 수가 없다. 삶의 이야기에 참과 거짓의 잣대를 고집할 수는 없다.《성서》를 보려거든 사실이나 논리와 같은 이성적 관점을 떼고 봐야 한다. 이성에 치이고 논리에 지쳐 있는 사람에게는 오히려 사막의 오아시스 같은 존재로 대접받기 좋은 책이다.

《성서》의 모호함이《성서》를 더 오래 살아남게 했다. 모호했기에 역설적으로 다양한 해석이 가능했고, 시대마다 새로운 옷으로 갈아입을 수 있었다. 또한 과거의 텍스트이지만 현재의 어느 곳에서도 재해석이 가능했다.

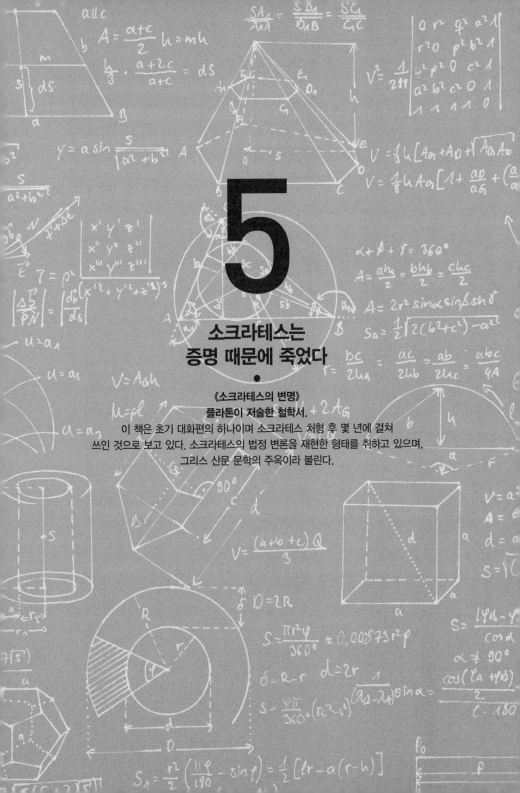

5

소크라테스는
증명 때문에 죽었다

•

《소크라테스의 변명》
플라톤이 저술한 철학서.
이 책은 초기 대화편의 하나이며 소크라테스 처형 후 몇 년에 걸쳐
쓰인 것으로 보고 있다. 소크라테스의 법정 변론을 재현한 형태를 취하고 있으며,
그리스 산문 문학의 주옥이라 불린다.

《소크라테스의 변명》

지금이야 4대 성인의 한 사람으로 추앙받지만 소크라테스(Socrates)는 당대에 사형 선고를 받아 생을 마감했다. 사회의 분위기를 흐리고 특히 청년들을 미혹하여 버릇없이 만들었다는 이유로 고발당했기 때문이다. 그는 법정에 서서 자신이 무죄임을 변론했으나 실패하여 사형을 언도받았다. 도망갈 기회는 얼마든지 있었다. 그러나 소크라테스는 '죽음이 선한지 악한지 모른다'며 굳이 죽음의 길을 택했다.

소크라테스는 죽기를 작정하고 당당히 재판에 임했다. 그는 살려 달라고, 잘 봐 달라고 애원하지 않았다. 배심원들을 꾸짖기도 하면서 자신에게 씌워진 죄명에 대해 조목조목 변론했다. 그 결과 1차 투표에서 281 대 220의 근소한 차이로 유죄가 선고되었다. 2차 투표 전 그의 태도에 따라 이길 수도 있었다. 하지만 소크라테스는 사형을 원한다는 원고의 말에 분개해 자신은 국가로부터 보상을 받아야 마땅하다고 스스로를 옹호했다. 배심원들은 이런 소크라테스의 태도가 불손하다 느꼈고, 2차 투표 결과 361 대 140으로 그에게 사형이 선고되었다.

소크라테스는 변론을 잘했다. 그는 법정에 처음 섰지만 자신이 무죄라는 걸 잘 입증했다. 처세술이나 화술이 좋았던 건 아니다. 증명법을 잘 활용하고 논리에 강한 수학을 재판 과정에서 응용한 그의 탁월함 덕분이었다. 그런데 알고 보면 그가 법정에 서게 된 것부터가 증명 때문이었다.

소크라테스는 수학을 잘 하지 않았다. 그런데도 증명을 잘 활용했던 비밀은 《소크라테스의 변명》을 지은 저자에게 있다. 《소크라테스의 변명》은 소크라테스가 직접 쓴 게 아니다. 그의 제자인 플라톤이 자신이 보고 들은 스승의 죽음 이야기를 종합하여 대신 기술했다. 플라톤은 수학을 아주 좋아했고, 응용하는 측면에서는 가히 천재적이었다.

플라톤은 그리스의 주류 철학을 완성해 서양 철학의 뿌리 역할을 했다. 그의 스승인 소크라테스는 절대적인 진리가 존재한다고 주장하며, 강자의 입맛과 권력에 따라 진리가 달라진다며 상대주의적인 입장을 취했던 소피스트들에 정면으로 맞섰다. 플라톤은 스승뿐만 아니라 이전의 모든 철학을 종합하여 자신의 철학을 완성했다.

소크라테스는 플라톤에게 가장 많은 영향을 주었다. 스승의 죽음

이후 플라톤은 정치에 환멸을 느끼고 철학자의 길을 갔다. 철학에 전념하던 그에게 많은 영향을 주었던 수학 집단이 있었으니, 바로 피타고라스학파다. 이 학파는 기원전 6세기 이탈리아 남부에서 활동하다가 기원전 5세기 무렵 외부의 공격으로 붕괴됐다. 이로 인해 피타고라스학파 회원은 그리스 전역으로 흩어져 활동하게 됐다. 플라톤은 이 학파를 만나 수학을 공부했다.

피타고라스학파는 보이는 물질이 아닌, 보이지 않는 수를 만물의 본질로 내세웠다. 관념론은 그렇게 시작됐다. 그들은 만물의 수적인 관계를 파악하는 데 주력했다. 그 결과 짝수, 홀수, 소수(素數),[11] 완전수(完全數),[12] 친화수(親和數)[13] 같은 정수론을 만들어 냈다. 피타고라스의 정리나 황금비, 정다면체와 같은 기하학적 업적도 남겼다. 수를 본질로 본다는 건 이 세계에 일정한 질서가 존재한다는 걸 의미한다. 소크라테스나 플라톤의 입장과 다를 바 없다.

플라톤은 피타고라스학파의 영향을 많이 받았다. 그는 영혼의 존재를 인정했다. 완전무결한 세계에 살던 영혼이 육신에 갇혀 있으며, 삶의 모든 비밀은 육신이 아닌 영혼에 있다고 보았다. 이 점은 피타고라스학파와 완벽하게 일치한다. 가족까지도 공유하며 공동으로

• • • • • • • • •
11 1과 자기 자신만으로 나누어 떨어지는 1보다 큰 양의 정수를 말한다.
12 자기 자신을 제외한 양의 약수(진약수)의 합으로 표현되는 양의 정수. 6, 28, 496, 8128 등 여러 짝수 완전수가 발견되었으나, 홀수 완전수의 존재 여부는 아직도 유명한 미해결 문제 중 하나이다.
13 어느 한 수의 진약수를 모두 더하면 나머지 한 수가 되는 한 쌍의 수. 220과 284의 쌍이 그 예인데, 220의 진약수는 1, 2, 4, 5, 10, 11, 20, 22, 44, 55, 110로 모두 더하면 284가 된다. 반대로 284의 진약수 1, 2, 4, 71, 142를 모두 더하면 220이 된다.

살아가자는 메시지 역시 피타고라스학파의 공동체를 떠올리게 한다. 남녀평등의 기치를 내건 것도 똑같다.

무엇보다 피타고라스학파가 플라톤에게 끼친 강한 영향은 수학이었다. 당시는 수학이 철학과 떼려야 뗄 수 없었던 시절이었고, 그 모습은 매우 추상적이고 이론적이었다. 플라톤은 진리를 탐구하는 데 있어 수학을 강조했다. 일상의 필요한 문제를 해결하는데 그쳤던 수학은 피타고라스와 플라톤을 거치면서 철학의 언어로 탈바꿈했다. 플라톤은 그 수학을 법정까지 끌고 와 제대로 써먹었다.

소크라테스는 그를 고발한 당사자와 함께 법정에 섰다. 그들은 500명의 배심원 앞에서 자신의 주장을 펼쳐야 했다. 변론 후 배심원의 투표에 의해 유죄와 무죄가 결정되므로 변론이 매우 중요했다. 소크라테스의 죄명은 '천상의 일과 지상의 일을 가르치고, 신을 믿지 않으며, 나쁜 일을 좋은 일처럼 보이게 한다'[14]는 것이었다. 그가 탐구하고 가르친 내용과 방식이 문제가 되었다.

소크라테스는 '산파술(産婆術)'이라는 대화법으로 유명하다. 그는 스스로 알고 있다고 여기는 사람에게 다가가 꼬치꼬치 캐물었다. 그는 사람들이 모르면서도 알고 있는 것으로 착각하고 있다는 걸 깨닫게 해 주고 싶었다. 소크라테스는 사람들이 당연하게 여기는 사실을 되물어 혼란에 빠뜨렸다. 이 대화법은 증명이 깔고 있는 기본 정신을 담고 있다.

• • • • • • • •
14 플라톤, 《소크라테스의 변명》, 황문수 옮김, 문예출판사(1999), 21면.

증명이란 사실이 정말 사실인지를 따져 보고 확인하는 것이다. 소크라테스가 살았던 당시에는 수학이 그리스 전역으로 퍼져 있어서, 탈레스와 피타고라스로부터 시작된 증명의 정신과 사고가 일반화되어 있었다. 소크라테스의 사고와 물음은 수학의 간접 영향을 받은 것이다.

'신을 믿지 않는다'는 죄명 또한 증명의 정신과 관계있다. 증명은 의심의 여지없이 묻고 따지는 것이다. 이런 사고는 신의 세계와 어울리지 않는다. 인간이 어찌 신에게 묻고 따질 수 있겠는가! 당대에는 운명과 숙명을 받아들이거나 아니면 운명을 저주하며 회피하는 삶만이 가능할 뿐이었다. 의심과 물음은 대등한 관계에서나 가능한 법, 끊임없이 묻고 질문을 날린 소크라테스의 행위는 당돌하다 못해 불경스러웠다. 그는 신을 믿지 않는 자로 여겨졌다.

소크라테스는 증명의 정신을 철학의 영역에서 곧이곧대로 실천했다. 묻고 또 물었으며 따지고 또 따졌다. 일상의 문제부터 신의 세계에 이르는 문제까지. 이런 물음과 태도가 그를 법정에 서게 했다. 증명의 정신으로 그는 왕성한 활동을 했고, 법정에 섰으며, 죽음의 길을 갔고, 마침내 성인의 반열에 올랐다.

증명으로 꼬인 문제, 증명으로 풀다

법정에 선 이상 소크라테스는 최선을 다해 자신을 변호했다. 증명이라는 시대정신으로 일어난 일인만큼, 그는 증명법을 통해 이 일을 처리하려 했다. 소크라테스는 적절한 증명법을 도입하여 문제를 풀어나갔다.

소크라테스가 '신을 믿지 않는다'고 자신을 고발한 멜레토스의 주장을 반박하는 부분을 보자. 소크라테스는 멜레토스에게 자신이 전적으로 무신론자라는 건지, 무신론자는 아니지만 국가가 인정하는 신이 아닌 다른 신을 믿는다는 것인지를 물었다. 이 물음은 매우 중요하다. 문제가 무엇인지 정확히 규정함으로써 나중에 빠져나갈 구멍을 봉쇄하기 위한 거였다. 수학에서 맨 처음 용어를 분명하게 정의하는 것과 같다. 멜레토스는 무신론자라고 답했다. 멜레토스의 의중을 확인한 소크라테스는 다소 엉뚱한 질문을 한다.

"마술(馬術)을 믿으면서 말(馬)의 존재를 믿지 않거나, 피리 부는 법을 믿으면서 피리 부는 사람의 존재를 믿지 않을 수 있습니까?"

말과 피리에 관한 질문은 소크라테스의 의도와 전혀 관련이 없어 보인다. 신을 믿는다는 증거가 될 것 같지 않아서인지 멜레토스는 자연스럽게 소크라테스가 기대하던 대답을 했다. "마술을 믿으면서 말의 존재를 믿지 않을 수는 없다"고 말이다. 이 답변을 듣자 소크라테스는 말한다.

"멜레토스는 고소장에 내가 정령이나 신의 힘을 가르쳤다고 했다. 정령이나 신의 힘을 가르쳤다면 정령을 믿는다는 것이 아닌가. 그런데 정령은 신이 아닌가?"

정령을 믿는다면 신을 믿는다는 뜻이었다. 돌고 돌아 신을 믿지 않는다는 멜레토스의 주장을 반박한 것이다.

증명에서는 근거를 대거나 증거를 제시한다. 증거는 주장을 바로 확인해 주는 구체적인 것이다. 멜레토스는 소크라테스가 신을 믿지 않는다는 증거를 제시했다. 태양은 돌이며 달은 흙이라고 말했다는 거다. 당시 사람들은 태양이나 달 같은 천체를 신으로 봤기 때문에 태양을 돌이라고 했다면 신을 믿지 않는 것이었다. 충분한 증거가 될 수 있다. 그런데 소크라테스의 이야기는 본인의 주장을 지지해 줄 증거가 아니었다. 하지만 그의 전략은 단순하지 않았다. 소크라테스는 그가 신을 믿고 있다는 증거를 직접 보이지 않았다. 대신 '소크라테스가 신을 믿지 않는다'는 멜레토스의 주장이 틀렸다는 걸 보이려 했다. 만약 그렇게 된다면 '소크라테스는 신을 믿는다'가 성립된다. 멜레토스의 주장과 소크라테스의 주장은 정반대이기 때문에, 소크라테스의 실상은 분명 '신을 믿는다' 또는 '신을 믿지 않는다' 둘 중 하나일 것이었다.

일반적인 증명법은 자신의 주장에 맞는 근거를 대는 것이다. 하지만 다른 방법도 있다. 상대방의 주장이 잘못된 것임을 보이면 된다. 그럼 자동으로 자신의 주장이 옳다는 게 성립된다. 소크라테스는 멜레토스의 주장이 잘못됐다는 걸 보이려 했다. 그는 멜레토스가 정령의 힘을 가르쳤다고 고발한 걸 나중에 상기시켰다. 정령도 신이므로 이건 소크라테스도 신을 믿고 있음을 보여 주는 증거였다. 이 증거는 소크라테스가 신을 믿지 않는다는 주장과 모순된다. 고로 멜레토스의 주장은 잘못됐고 소크라테스의 주장이 옳았다. 소크라테스는 신을 믿는다!

증명 정신을 생활화한 바람에 법정에 선 소크라테스. 그는 법정 변론에서 승리했다. 그는 자기 주장만 내세우는 일반적인 증명법을 구사하지 않았다. 그 방법은 서로의 길을 계속 달리기만 할 뿐 진정한 승리를 거두기 어렵다. 각자의 주장에 맞는 증거를 얼마든지 찾고 만들어 낼 수 있기 때문이다. 그래서 소크라테스는 상대의 허점을 공략하는 신기술을 사용했다. 자신의 주장을 증명하려면 많은 증거와 완벽한 논리가 필요하다. 이에 비해 상대를 무너뜨리는 건 오히려 쉽다. 약점 한 군데를 잘 찾아내어 공략하면 상대는 스스로 무너진다. 소크라테스는 바로 이 최신 기법을 잘 활용했다.

하지만 끝내 소크라테스에게는 사형이 선고되었다. 전투에서는 승리했지만 전쟁에서 패한 꼴이다. 논리와 증명을 통해 실상을 낱낱이 밝히고 드러냈지만 죽음을 돌리지는 못했다. 처음에는 배심원이 소크라테스의 말에 동의하는 듯 했지만 나중에는 마음을 돌려 버렸다. 옳고 바른 말을 잘했을지라도 소크라테스의 말하는 태도가 배심원을 기분 나쁘게 했다.

증명은 실상을 낱낱이 밝힐 수도 있다. 그러나 그 실상을 바꾸지 못하는 경우가 더 많다. 증명하는 것과 실상을 바꾸는 것은 같지 않다. 증명한다고 해서 모든 게 술술 풀리지는 않는다. 실상은 보다 복잡한 관계로 얽혀 있다. 증명은 증명이고 실상은 실상이다. 증명은 실상을 이해하고 바뀌 가는 출발점 정도일 뿐이다.

무지(無知)의 지(知), 무리수의 발견

소크라테스는 자신의 주장을 직접 증명하지 않았다. 속 보이는 방법이 아닌 속 보이지 않는 기법을 사용했다. 멜레토스는 이 방법에 제대로 걸려들었다. 이런 방법을 '귀류법(歸謬法)'[15]이라고 하는데 수학에서 자주 사용된다.

귀류법의 시작은 아킬레우스와 거북이의 역설을 만들어 낸 제논이었다. 플라톤 이전에 귀류법은 시작되었다. 제논은 자신의 주장을 증명하기 위해 상대의 주장이 잘못되었음을 보였다. 피타고라스학파의 주장을 전제로 하면 아킬레우스가 거북이를 이길 수 없게 되므로 그들의 주장이 잘못되었음을 지적했다. 상대의 주장을 옳다고 가정하여 그 가정으로부터 모순된 결론을 이끌어 낸 것이다.

귀류법으로 유명한 증명 중 하나는 $\sqrt{2}$가 무리수임을 보이는 것이다. $\sqrt{2}$는 '제곱해서 2가 되는 수'라는 뜻이고, 무리수는 분수가 아닌 수를 말한다. 우선은 $\sqrt{2}$가 유리수라고 가정한다. 그러면 $\sqrt{2}$는 n/m과 같이 더 이상 약분이 되지 않는 기약분수 꼴로 표현된다. 그리고는 이 식을 제곱하고 조작해 본다. 그 결과 뜻밖의 결론이 도출된다. m, n이 모두 2의 배수이므로 약분이 가능하다는 거다. 이 결론은 모순이다. 처음에는 약분이 안 된다고 했는데 나중에는 약분이 된다고 했으니 말이다. 이 모순은 $\sqrt{2}$가 유리수라는 가정 때문이었다. 고로 $\sqrt{2}$는 유리수가 아닌 무리수가 될 수밖에 없다.

---

15 어떤 명제가 참임을 직접 증명하는 대신 그 부정 명제가 참이라고 가정하여 그것의 불합리성을 증명하는 간접 증명법을 말한다.

귀류법을 가장 멋지게 사용한 수학자는 아르키메데스(Archimedes)였다. 그는 원을 작은 조각으로 무한히 분해하여 합한다는 아이디어를 통해 원의 넓이가 πr^2(r은 반지름)임을 알아챘다. 하지만 증명 과정에서는 귀류법을 사용했다. 귀류법을 두 번이나 사용했다 하여 '이중귀류법'이라 부르기도 한다. 아르키메데스는 원의 넓이가 πr^2임을 보이기 위해 원의 넓이가 πr^2보다 크지도 않고 작지도 않다는 걸 보인다. πr^2보다 크지도 않고 작지도 않다면 남는 결론은 딱 하나다. 원의 넓이는 πr^2이 된다는 것!

그는 원의 넓이가 πr^2보다 크다고 가정한 뒤 그 가정이 잘못되었음을 보였다. 그 다음 원의 넓이가 πr^2보다 작다고 가정했다. 그리고 이 가정 또한 잘못된 것임을 증명했다. 고로 원의 넓이는 πr^2일 수밖에 없다. 꼬리 아홉 개 달린 여우처럼 약삭빠르고 교활하다.

귀류법이 수학에서 출현한 것인지, 수학의 밖에서 출현한 것인지 정확히 구분하기는 어렵다. 철학에서 출현한 것을 수학에서 귀류법이라 부르고 받아들인 건지, 수학에서 출현한 것을 보고 철학에서 응용한 것인지 알 수 없다. 다만 귀류법을 활용한 소크라테스의 변론을 통해 수학과 철학이 밀접한 관련이 있었다는 걸 알 수 있다.

《소크라테스의 변명》에는 철학과 수학의 관련성을 보여 주는 사례가 또 있다. 철학적 표현이지만 수학적 사건을 연상케 한다. 보통 '무지의 지'라고 하는데 '모르고 있다는 걸 안다'는 뜻이다. 소크라테스는 자신이 왜 현자인지 그리고 자기를 미워하는 사람이 왜 많게 된 것인지를 설명하면서 다음 이야기를 언급한다.

소크라테스는 신탁을 통해 자신이 가장 현명한 사람이란 이야기를 들었다. 그럴 리가 없다고 생각한 그는 그 진위 여부를 확인하러 돌아다녔다. 소크라테스는 현명한 사람이라 여겼던 사람들을 찾아가 대화를 나눠 봤다. 그 결과 그는 하나의 결론을 이끌어 낼 수 있었다. 그들은 안다지만 사실은 모르고 있고, 소크라테스 본인은 자신이 모른다는 것만큼은 확실히 알고 있다는 것을!

무지의 지가 대단하다는 걸 보여 주는 수학적 사건은 무리수의 발견이었다. 피타고라스학파는 피타고라스의 정리 '$a^2+b^2=c^2$'으로부터 제곱해서 2가 되는 길이 c를 찾고자 했다. '$a=b=1$'이면 '$1^2+1^2=1+1=c^2$'가 성립한다. 그러나 그들은 c에 해당하는 수를 찾지 못했다. 식은 있는데 그 식을 만족하는 수가 없는 판국이었다. 모든 걸 수로 나타낼 수 있다고 여겼던 그들에게 이 사실은 충격이었다. 그들이 아직 모르는 수가 존재하고 있던 거였다. 그들은 비로소 그들이 모르는 게 있다는 사실을 알게 됐다.

무지의 지는 지식의 혼란 또는 추락이 아니다. 오히려 신세계의 문이 열리는 순간이다. 모르고 있던 신세계를 발견한 것이었다. 무지의 지는 일반 지식과는 차원이 다른 지식으로 겸손에 이르게 해 준다. 모르는 것이 있다는 것을 알고 있으니 겸손해질 수밖에.

귀류법에는 중요한 전제가 있다. 하나의 명제가 사실이면서 동시에 사실이 아닐 수는 없다는 것이다. 꼭 둘 중 하나여야 한다. 그래야 귀류법을 적용할 수 있다. 아리스토텔레스는 이 전제를 '배중률(排中

律)'[16]이라고 칭했다. 배중률의 규칙을 곰곰이 생각해 보자. 명제가 사실이거나 사실이 아니거나 둘 중 하나라는 건 당연하지 않은가! 그런데도 그걸 규칙으로 정해 놓은 이유는 뭘까? 수학적으로 따져 본다면 당연하지 않다. 사실과 오류의 두 범주로 판단하기 어렵거나, 두 범주 사이를 오가거나, 아예 두 범주를 벗어나는 경우가 있을 수 있기 때문이다. 실제야 어떻든 각각의 경우를 따져 봐야 한다. 하지만 아리스토텔레스는 배중률을 기본 규칙으로 정하면서 논리 게임의 영역을 한정했다. 당대의 철학이나 수학은 그 안에서 전개됐다.

20세기의 큰 사건 중 하나는 논리의 한계를 증명한 것이었다. 쿠르트 괴델(Kurt Gödel)은 '불완전성의 정리'라는 증명을 통해 특정한 명제가 항상 존재한다는 걸 보였다. 사실이지만 사실임을 증명할 수 없는 명제. 증명되지 않는 그런 명제는 수학에서 사실로 인정받지 않는다. 괴델의 증명은 논리 수학의 영역에서 발생했다. 수학에서 일어난 이 파장은 철학을 비롯한 인문학의 영역으로 퍼져 나가 논리나 인식, 이성에 대해 되짚어 보는 사회적 분위기를 선도했다.

철학과 수학은 밀접하게 맞물려 있다. 어느 게 먼저이고 어느 게 더 높은 수준인지를 따지기 어렵다. 두 영역 모두 생각하는 학문이다. 공통의 관심사와 주제가 얼마든지 있을 수 있고 영향도 주고받을 수 있다. 때로는 각 분야별로 때로는 통합적으로 바라볼 수 있는 유연함이 필요하다. 바로 그때 수학도 철학도 더 깊고 풍부해진다.

---

16 어떤 명제와 그것의 부정 명제 가운데 하나는 반드시 참이라는 법칙. 즉 사실도 아니고 사실이 아닌 것도 아닌 중간 지대를 배제한다는 뜻이다.

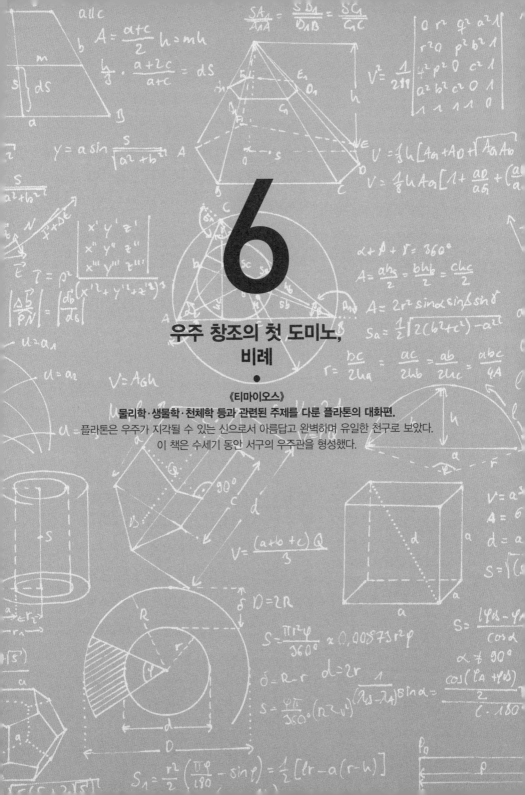

6

우주 창조의 첫 도미노, 비례

•

《티마이오스》

물리학·생물학·천체학 등과 관련된 주제를 다룬 플라톤의 대화편.

플라톤은 우주가 지각될 수 있는 신으로서 아름답고 완벽하며 유일한 천구로 보았다.

이 책은 수세기 동안 서구의 우주관을 형성했다.

플라톤의 《티마이오스》

피타고라스는 모든 만물이 수라고 주장하며, 수가 이 세상의 원리라고 선포했다. 소수, 완전수, 황금비, 정다면체, 현의 길이에 따른 음의 변화와 같은 증거도 제시했다. 하지만 만물이 수라는 주장을 증명하지는 못했다. 피타고라스의 정리를 증명하는 데는 성공했지만 말이다. 이 과업을 완수한 사람이 바로 플라톤이다.

플라톤은 피타고라스의 유업을 이어받아 우주의 탄생에서부터 지구, 인간, 동식물의 탄생에 이르기까지 전 과정을 아주 세밀하게 설명했다. 창조에 여념이 없는 창조주 옆에서 그 과정을 중계방송하는 것처럼 말이다.

플라톤 하면 떠오르는 책은 《소크라테스의 변명》 또는 《국가》이다. 그런데 플라톤 철학의 진면목을 보여 주는 건 앞서 언급한 두 권의 책이 아니다. 그 책의 중요성을 간파한 화가가 르네상스 미술의 대표 주자였던 라파엘로 산치오(Raffaello Sanzio)였다. 그는 자신의 작품 〈아테네 학당〉에서 플라톤의 손에 한 권의 책을 쥐어 줬는데, 그 책이 《티마이오스》이다. 이 책은 티마이오스라는 인물을 통해 우주와 만물의 창조원리와 과정을 대화체로 설명한 것으로, 플라톤의 야심작이자 대표작이라 할 만하다. 설명은 자세하고 구체적이며 꼼꼼하고 원대하다. 그럼직한 이야기로 받아들여질 수 있도록 정말 많은 정성과 수고를 들였다. 이 책을 쓰느라고 플라톤의 머리가 하얗게 세지 않았을까 싶다. 플라톤은 《티마이오스》에서 우주 창조의 진짜 원리가 무엇이었는지를 밝힌다. 그것은 우리가 수학에서 늘 배우는 비례였다. 도대체 비례가 어떻게 우주를 창조했다는 것인지 플라톤의 설명을 들어 보자.

플라톤은 기원전 4세기에 활약했다. 그 이전의 그리스에는 다양한 철학이 있었다. 플라톤은 그 철학들을 무시하지 않고 수용했다. 궁극적인 물질을 찾아 헤맸던 자연 철학자들의 이야기도, 변화와 운동을 극구 부정하며 이 세상에는 오직 하나의 존재밖에 없다고 우겼던 엘레아학파의 이야기도, 모든 존재는 원자의 결합에 의해 이뤄진다는 원자론자의 이야기도 고려했다. 하지만 이 주장들은 참고 사항이었지 기본 골자는 아니었다. 플라톤이 마음속 가장 깊은 곳에 품고 있던 사람은 소크라테스와 피타고라스였다. 소크라테스로부터는 철학의 방향을, 피타고라스로부터는 철학하기 위한 방법론을 배웠다.

수학이 없었다면 《티마이오스》는 존재할 수 없었다. 이 책을 쓰기 위해 플라톤은 수학 공부를 하고 자문도 구했을 것이다. 좋아서 한 측면도 있겠지만 그럴 수밖에 없었기에 묵묵히 참아야 했다. 당대의 과학과 철학, 수학을 하나하나 챙겨 가며 빈틈이나 비약이 없게 하려고 무던히 애썼으리라. 시대는 이미 그 정도의 완성도를 요구하는 수준에 이르러 있었다.

"우주는 창조주인 데미우르고스에 의해 생성되었다"는 선언은 매우 중요하다. 창조주는 선하다. 선한 창조주가 이 세상을 좋지 않게 대강 만들었을 리 없다. 그러면 선한 신이 아니다. 그는 이 우주를 최선을 다해 최고 수준으로 만들어 냈다. 다시 만들어도 이 이상이 나올 수 없을 정도다. 우주는 창조주의 법칙과 원리를 고스란히 머금고 있다. 고로 합리적인 접근과 설명이 가능하다. 그러나 선한 신이라고 해서 최선의 우주를 바로 만들 수는 없다. 원숭이도 나무에서 떨어질 수 있고, 기술자도 실패하는 법이다. 신도 우주를 무턱대고 만들지는 않았다. 자칫 잘못하면 이상한 우주가 될 수도 있지 않은가? 그래서 신은 최고 중의 최고, 최선 중의 최선인 원본을 따라 이 우주를 창조했다. 그 원본이 '이데아(idea)'였다.

우주는 '물·불·공기·흙' 이렇게 네 가지 원소로 구성됐다. 그리고 이 물질들이 다양하게 섞여서 만물이 만들어졌다. 자연 철학자의 주장을 받아들인 것이다. 창조가 시작되기 이전의 우주는 무질서 상태였다. 신화에서처럼 태초는 혼돈이었고 조화롭지 못했다.

비례도 없고 척도도 없는 상태. 플라톤은 창조 이전을 이렇게 묘사하면서 단순한 혼돈이 아니라 구체적으로 뭐가 없는 상태라는 걸 지적한다. 창조 이전은 수학이 없었던 상태였다. 척도는 기준이 되는 것으로 수에서 1에 해당한다. 비례는 수학에서 아주 많이 사용된다. 플라톤 이전의 수학에서도 비율이나 비례에 관한 이론은 아주 많았다. 특히 피타고라스학파는 비율을 우주 법칙의 핵심으로 다뤘다.

선한 신이 무질서한 우주를 보고 가만히 있을 리 없다. 조화롭지 못한 것은 선하지 않다. 그는 팔을 걷어 올리고 창조 작업에 착수한다. 창조의 방향은 정해졌다. 비례와 척도가 있는 상태로 바꾸면 된다. 물질에 수학을 결합하면 된다. 비례는 우주 창조의 첫 도미노를 무너뜨린 장본인이었다.

우주는 처음에 불과 흙으로 구성되었다. 위쪽에 불이 있고 아래에 흙이 있는 형국이었다. 이 둘을 결합해야 하는데 그러려면 둘을 묶어 줄 끈이 필요하다. 여기서 플라톤은 그 끈이 다름 아닌 비례라고 말한다. 의외이면서도 엉뚱한 상상력이다.

4와 9가 있다. 이 둘은 떨어져 있다. 하지만 비례를 이용하면 4와 9를 묶을 수 있다. 4와 9 사이에 하나의 수 x를 넣어 4:x와 x:9가 같도록 해 주면 된다.

$$4:x=x:9 \rightarrow x^2=36 \rightarrow x=6$$

4와 9 사이에 6을 넣으면 4, 6, 9는 위와 같은 비례식이 성립되어 하나로 묶인다. 비례가 끈이라고 한 말은 이런 뜻이다. 비례식에서 x처럼 가운데에 있는 수를 '비례중항'이라고 하는데 플라톤 시대에도 이 개념은 존재했다. 플라톤은 비례라는 수학적 개념을 철학으로 가져와 전혀 다른 맥락으로 사용했다.

비례의 활용은 여기에서 그치지 않았다. 플라톤은 하나의 비례중항이 아니라 두 개의 비례중항이 필요하다고 했다. 이 정도면 누구나 가볍게 할 수 있는 쉬운 수준이 아니다. 플라톤은 우주를 정밀하게 설명하기 위해서 더 깊은 데까지 손을 뻗쳤다.

우주는 평면이 아닌 입체다. 플라톤 시대에도 평면 기하학과 입체 기하학은 구분되어 있었다. 그의 책 《국가》를 보면 알 수 있다. 플라톤은 우주가 평면이라면 깊이가 없기 때문에 하나의 중항으로 충분하지만, 입체이기에 조화를 이루기 위해서는 두 개의 중항이 필요하다고 했다. 이 언급은 고대 그리스에서 작도 불능 문제로 유명했던 정육면체의 '배적 문제'[17]와 관련된다.

부피가 1인 정육면체가 있다. 부피가 이것의 두 배인 정육면체를 만들기 위해서는 길이를 얼마로 해야 할까? 이 문제는 전염병을 막기 위해 받아 낸 델로스의 신탁에서 비롯됐다. 사람들은 이 문제를 해결하지 못해서 플라톤에게 지혜를 구했다고 한다. 플라톤은 이 문제를 상세히 알고 있었던 게 틀림없다.

수학에 서툰 사람은 길이를 두 배로 늘이면 부피도 두 배가 된다고

....
17 '각의 3등분 문제', '원적 문제'와 함께 소피스트의 3대 작도 문제 중 하나. 배적 문제는 주어진 정육면체의 2배의 부피를 갖는 정육면체를 작도하라는 문제를 말한다.

생각한다. 하지만 길이를 두 배로 늘일 경우 부피는 여덟 배가 된다. 부피가 1인 정육면체의 길이는 1인데, 1의 두 배는 2이다. 그런데 길이가 2인 정육면체의 부피는 8(=2×2×2)이다. 기대했던 2가 아니다. 이걸 지적한 장본인이 바로 플라톤이었다.

배적 문제는 생각보다 어려웠다. 그 이유는 세제곱해서 2가 되는 세제곱근 때문이었다. x^3=2, 즉 x= $\sqrt[3]{2}$. 이 수는 무리수인데, 그 당시 사람들은 무리수의 존재를 알긴 알았지만 그 비밀을 밝히지 못한 상태였다. 그러다 의미 있는 성과가 드디어 나왔다. 비례중항을 이용하여 해법의 실마리를 얻어낸 것이었다.

'배적 문제를 풀어내려면 두 개의 중항이 필요하다'는 사실을 발견한 것이다. 길이가 a인 정육면체의 부피는 a^3, 길이가 b인 정육면체의 부피는 b^3이다. 여기서 b=2a일 경우 b^3=$8a^3$이 된다. 새로운 발견이란 a와 b 사이에 두 개의 비례중항 x, y를 넣으면, x^3=$2a^3$이 되어 배적 문제가 풀린다는 것이었다. x가 바로 작은 정육면체 부피(=a^3)의 두 배(=$2a^3$)가 되는 큰 정육면체 한 변의 길이다.

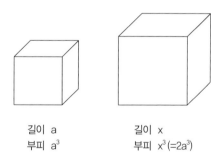

길이 a
부피 a^3

길이 x
부피 x^3(=$2a^3$)

a:x = x:y = y:b(=2a) 이면 x^3 = $2a^3$

| 배적 문제와 두 개의 비례중항 |

이걸 플라톤이 발견했느냐? 그건 아니다. 키오스의 히포크라테스 (Hippocrates)가 발견했다. 두 개의 중항이라는 플라톤의 말은 "입체 두

개는 최소한 두 개의 비례중항이 있어야만 연결된다"는 히포크라테스의 성과에서 비롯됐다.

플라톤은 철학자답게 이 사실을 철학으로 옮겨와 한 차원 높게 적용했다. 우주는 입체이기에 입체를 연결하려면 두 개의 중항이 필요하다. 플라톤은 두 중항을 흙과 불의 두 요소 사이에 집어넣었다. 즉, 물과 공기를 흙과 불 사이에 자리 잡게 했다. 입체적인 우주를 구성하기 위한 4원소가 드디어 제자리를 잡았다. 절묘한 설정이다. 4원소는 이후 비례에 따라 섞이며 우주를 만들어 간다.

우주 창조의 시작은 비 또는 비례였다. 비례중항에 의해 4원소는 자리 잡을 수 있었다. 물질로만 덩그러니 존재하던 4원소는 비례를 통해 삼라만상의 우주를 구성해 갔고, 수학은 말 그대로 우주를 창조해 냈다. 고로 만물은 수이다.

진정한 원자는 삼각형이다

만물은 형태를 갖고 있다. 형태를 부여해 주는 건 뭘까? 플라톤은 '도형'과 '수'라고 잘라 말한다. 도형과 수가 개입돼야 형태가 완성되는데 이것은 온전히 수학의 영역이다. 만물이 수라는 피타고라스의 말을 한 단계 높은 차원으로 되풀이한다. 결론만 반복하는 게 아니라 그 상세 과정을 피타고라스보다 구체적으로 제시했다.

'모든 물질은 더 이상 자를 수 없는 원자로 구성되었다'는 원자론의 주장은 기원전 5세기에 등장했다. 원자론은 그리스 수 체계의 바탕이 되는 자연수로부터 유추되었다. 자연수에 1이 있듯이 물질세계에도 1과 같은 그 무엇이 있어야 한다고 생각한 것이다. 원자란 자연수의 1과 같다.

모든 존재와 변화가 가능한 건 원자의 결합 때문이었다. 플라톤은 이 원자론에 수학의 옷을 입혀 자신의 철학 안으로 끌어들였다. 그는 원자론적 사고는 받아들이되, 원자를 물질이 아닌 다른 것으로 설명했다. 진정한 원자는 물질이 아니라 두 개의 기하학적 도형이다. 이 도형이 결합하는 과정이 변화이고, 어떻게 결합하느냐에 따라서 형태는 결정된다. 플라톤은 수학적 원자론을 주장했다.

형태는 깊이를 가진 입체고, 입체는 면으로 둘러싸여 있다. 플라톤이 보기에 입체의 면은 단 두 개의 직각삼각형을 기본 골격으로 하고 있다. 두 직각삼각형은 우리가 특수각의 삼각비로 외우는 도형을 말한다.

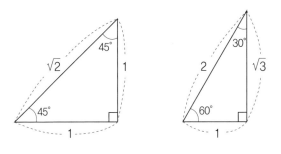

| 특수각을 지닌 직각삼각형 |

하나는 길이의 비가 1:1:$\sqrt{2}$이며 세 각이 45도, 45도, 90도인 직각이등변삼각형이다. 다른 하나는 길이의 비가 1:$\sqrt{3}$:2이며 세 각이 30

도, 60도, 90도인 직각삼각형이다.

첫 번째 직각삼각형 두 개가 모이면 정사각형이 된다. 두 번째 직각삼각형 두 개 또는 여섯 개가 모이면 정삼각형이 된다. 정사각형과 정삼각형은 이렇게 만들어진다. 그리고 이 정다각형이 여러 개 모여서 정사면체, 정육면체, 정팔면체, 정이십면체가 만들어진다. 도형과 수에 의해 형태를 갖게 되는 것이다.

정다면체는 곧 4원소와 하나씩 짝을 맺게 된다. 모양과 크기, 성질을 살펴보고 유사하다 싶은 원소를 정다면체와 연결시켰다. 흙은 정육면체, 불은 정사면체, 물은 정이십면체 그리고 공기는 정팔면체와 짝을 맺었다. 그런데 정다면체는 다섯 개다. 정십이면체가 남아 있다. 4원소와 짝지어진 정다면체 4개는 모두 정삼각형이나 정사각형으로 둘러싸여 있다. 반면에 정십이면체는 정오각형으로 둘러싸였다. 구성하는 도형 자체가 다르다. 플라톤은 이런 점을 보고서 정십이면체를 우주를 구성하는 물질이라며 따로 빼 두었다.

흙은 견고하게 잘 쌓아 올려진다. 굳건한 대지를 이루고 이런저런 모양을 잘 만들어 낸다. 조형성이 뛰어나다. 정다면체 중 흙에 가장 잘 어울리는 것은 정육면체다. 차곡차곡 쌓아 올라가며 여러 가지 모양을 만드는 게 가능하다. 면이 바닥에 닿아 잘 움직이지 않기 때문에 튼튼하고 굳건한 면모도 갖추었다.

불은 운동성이 가장 뛰어나다. 이건 불이 매우 가벼운 성질을 지니고 있다는 뜻이다. 정다면체 중 가장 가벼운 것은 정사면체다. 변의 길이가 같다고 할 경우 정다면체 중에서 부피가 가장 작은 게 정사면

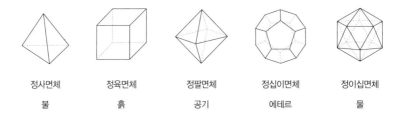

| 정사면체 | 정육면체 | 정팔면체 | 정십이면체 | 정이십면체 |
| 불 | 흙 | 공기 | 에테르 | 물 |

| 4원소와 짝을 맞은 정다면체 |

체다. 그래서 불은 정사면체와 어울린다.

공기는 불 다음으로 가볍고 운동성이 좋으며, 물이 공기 다음이다. 정팔면체는 정이십면체에 비해 더 가볍고 날카롭다. 그래서 공기가 정팔면체, 물이 정이십면체가 된다.

이렇듯 플라톤은 각 원소의 성질을 잘 관찰하고 정다면체 각각의 부피나 면의 개수, 모양까지 분석하여 서로를 연결하는 꼼꼼함을 보였다. 정다면체에 의한 우주 설명은 운동을 설명하는 데까지 이어진다. 그는 우주가 꽉 차 있어서 빈 공간이 존재하지 않는다고 언급했다. 그럴 경우 운동은 불가능해진다. 움직일 공간이 없기 때문이다. 그러나 빈 공간이 없어 운동이 불가능하다는 난점은 정다면체에 의해서 말끔히 해결된다. 4원소는 정다면체로 구성되므로 모든 공간은 정다면체로 채워지기 마련이다. 이때 운동의 틈이 생긴다. 정다면체끼리 붙어 있다고 하더라도 빈틈없이 연결되는 게 아니라 약간의 틈이 발생하기 때문이다. 정사면체와 정십이면체, 정육면체와 정이십면체가 붙어 있다고 상상해 보자. 정다면체끼리는 아귀가 딱딱 맞지 않기에 아무리 밀착하더라도 틈이 있게 마련이다. 그 틈으로 인해 운동이 전달되고 운동과 변화가 가능해진다.

플라톤은 도형을 통해 원자론의 사고, 운동과 변화 그리고 질서 있는 우주라는 개념도 받아들였다. 이 기하학적 모델은 매우 효과적이었다. 이 모델이 받아들여지기만 하면 이미 발전되어 있는 기하학을 우주에 적용하는 게 가능해진다. 또한 풍부하고 수준 높은 기하학을 통해 세상에 대한 해석을 할 수 있다. 이 모델을 완성시킨 뒤 환호했을 플라톤의 모습이 눈에 선하다.

유한한 창조 무한한 혼돈

우주의 모양은 어떻게 생겼을까? 우주는 무한하기에 모양이 없다고 말할 수도 있다. 하지만 플라톤은 그렇게 생각하지 않았다. 그는 우주는 유한하며 무한할 리가 없다고 보았다. 왜냐하면 우주는 신의 창조물인데 모든 창조물은 유한하기 때문이다. 창조란 다른 말로 한계를 부여하는 행위다. 창조 이전의 혼돈이란 한계가 없는 상태, 즉 무한을 의미한다. 무한에 대한 그리스 인들의 인식은 좋지 않았다. 그러니 우주 또한 유한하고 모양을 가져야만 했다.

그리스 인들이 사물의 모양에 대해 접근하는 방식은 지금과 사뭇 다르다. 과학의 시대인 현재를 살아가는 우리는 사물의 모양에 대해서도 과학적으로 접근한다. 특히 기능적인 입장에서 설명하는 경우가 많다. 비눗방울이나 사과의 모양이 왜 둥근지에 대해 우리는 이렇게 대답한다.

"원 또는 구 모양일 때 표면 장력에 의해 접촉 면적이 최소가 되어 안정적이다. 표면적이 가장 작아야 수분의 증발을 최소화할 수 있다. 그래서 둥글다."

플라톤은 철학자답게 달리 접근했다. 사물의 가치나 목적에 의해 모양을 설명했다. 기능에 의해서 모양이 결정된다는 단순한 형이하학적 접근이 아니었다. 신의 의도나 법칙과 같은 형이상학적 이유에 의해 모양이 결정된다고 보았다. '왜 그런 모양인가?'라는 질문은 동일하지만 답변은 하늘과 땅 차이였다.

플라톤이 염두해 둔 모양은 원과 직선, 딱 두 가지였다. 다양한 모양과 변화가 있는 것 같지만 알고 보면 모든 모양은 두 가지로 수렴된다. 이 둘의 다양한 조합에 의해 변화무쌍한 모양이 등장한다. 단순하고 본질적인 것에서 모든 것을 연역해 내는 그의 철학과 딱 맞아떨어진다. 원과 직선에 대한 고집은 그리스 기하학에도 영향을 미쳤다. 플라톤은 기하학이 두 가지 모양을 벗어나서는 안 된다고 규정했다. 그래서 그리스 기하학은 원을 그리는 컴퍼스와 직선을 그리는 자, 이두 가지 도구만을 사용해야 했다.

원은 어디에서나 모양이 같고, 중심으로부터의 거리가 같은 완전한 형태다. 이런 특성을 갖는 도형은 원이 유일하다. 고로 우주나 별들의 모양은 둥글고 원의 궤도를 따라 회전 운동을 해야 했다. 이유는 간단하다. 하늘의 별이나 우주는 선한 조물주께서 공들여 빚어 놓은 완전한 창조물이었다. 완전한 존재는 뭘 해도 완전할 수밖에 없다. 움직임이나 모양도 완전해야 한다. 그런 모양은 당연히 둥근 원을 의미했다. 원과 관련됐다는 이유만으로 회전 운동은 직선 운동에 비해서 보다 완전한 운동으로 대접받았다.

"우주의 중심에는 지구가 있고 태양을 포함한 7개의 행성이 지구를 따라 돈다."

이게 플라톤이 주장한 태양계의 우주론이었다. 플라톤은 태양이나 지구가 우주의 중심을 따라 회전한다고 했던 피타고라스학파의 모델을 수정했다. 그리고 우주의 중심에 지구를 배치함으로써 지동설을 천동설로 바꾸었다. 바로 원의 중심에 대한 고집 때문이었다. 중심의 자리에는 가장 중요한 별이 와야 한다. 신의 걸작인 사람이 있는 지구가 행성들의 중심이 되는 건 플라톤에게 당연했다.

원 또는 구 모양에 대한 집착은 사람의 머리가 둥근 이유를 재미나게 설명한다. 우주는 커다란 몸통인데 그 몸통보다 더 우선하는 것이 있으니, 바로 혼이다. 그러한 혼을 담고 있는 부위가 머리인데, 머릿속에 있는 혼에 어울리게 머리 모양도 설계돼야 했다. 혼은 감각과 달리 본질적인 세계로부터 왔다. 그래서 머리 모양은 당연히 둥글어야 했다. 목이 가는 이유도 혼과는 다른 성질을 지닌 가슴을 머리로부터 구별하고 떼어 놓기 위해서란다.

운동이나 상태를 기하학적으로 표현하는 것은 물리적인 영역에만 국한되지 않았다. 혼도 사고할 때 회전 운동을 한다. 혼이 회전 운동

을 잘하면 깨닫고자 하는 대상의 성질과 하나가 되어 깨달음을 얻게
된다. 반대로 회전 운동을 하지 않으면 하늘의 일을 전혀 깨달을 수
없다. 동물이 그렇다고 한다. 가슴 근처의 혼만 따르고 머리의 혼은
전혀 회전 운동을 하지 않는 상태였다.

플라톤은 철학에 따라 모양을 설명했다. 낯설지만 얼마든지 실현
가능한 설명이었다. 철학적 접근이다 보니 플라톤이 강조한 또 다른
게 있었다. 바로 조화였다. 피타고라스학파에서 그렇게도 강조했던
조화!

조화란 각 부분이 저마다의 역할을 하며 지켜야 할 선을 넘지 않는
것이다. 수로 정해 놓은 비율을 어기지 않고 그만큼을 딱 지켜야 한
다. 이 조화가 깨지면 질병이 발생하고 무질서해진다. 몸이나 우주의
각 요소들은 필연적으로 조화를 이뤄야 했다.

피타고라스학파가 음악에서 조화를 발견하고 논했던 것처럼 플
라톤도 음악적인 비를 철학에 적용했다. 그는 우주를 구성할 때 4:3,
3:2, 9:8과 같은 비를 고려했다. 이 비는 플라톤 시대에 알려져 있던
음악에서의 비율 관계였다. 조화로운 음악이 우주에 있다고 했던 피
타고라스학파의 주장을 더 구체적이고 섬세하게 펼친 셈이었다.

플라톤은 우주를 수학적 모델로 설명하여 그의 철학을 가능한 한
자세하게 뒷받침했다. 수학과 철학은 정말이지 동전의 양면이 되어
버렸다. 플라톤의 수학은 모든 만물이 수라는 걸 증명하고서 마침표
를 찍었다. 수학의 이론과 논리, 규칙은 철학을 통해 우주의 구석구

석까지 뻗어 나갔다. 그로 인해 수학의 위상은 하늘까지 높아졌다. 플라톤은 이러한 공로를 인정받아 수학의 역사에서도 중요한 인물로 대접받고 있다.

7

앉아서
천 리를 내다보는 비법

•

《장미의 이름》
움베르토 에코가 1980년에 발표한 첫 장편 소설.
중세 이탈리아의 한 수도원에서 일어난 의문의 살인 사건을 해결해 나가는 과정이
중심 내용이다. 외형상 추리 소설의 성격을 띠고 있지만 중세인들이 인식하던
당대의 역사를 입체적으로 형상화한 탁월한 역사 소설이다.

보이는 대로 보고 본 대로 생각하라

나이를 먹을 만큼 먹은 한 수도사가 어느 수도원을 처음 방문한다. 시끄럽게 뭔가를 찾던 사람들 중 하나가 와서 이 수도사를 맞이한다. 수도사는 고맙다고 인사한 뒤, 대뜸 말(馬)이 오른쪽 오솔길로 접어들었으나 멀리는 못 갔을 거라며 안심하라고 말한다. 사람들은 깜짝 놀랐다. 생판 처음 보는 수도사인지라 속사정을 알 리 만무한데 그걸 어떻게 알았을까? 허나 그들보다 더 놀라는 사람이 있었으니 수도사와 동행했던 어린 제자 아드소다. 그는 수도사와 쭉 동행했는데 자신은 오는 동안 말의 그림자도 보지 못했기 때문이다. 움베르토 에코(Umberto Eco)의 소설 《장미의 이름》은 이렇게 독자의 호기심을 자극하며 시작한다.

이 수도사 윌리엄은 통찰력 있고 똑똑하기로 유명했다. 사람들은 윌리엄이 기도를 많이 하고, 신의 사랑을 얻어 계시를 받은 것이라 생각했다. 하지만 실상은 그렇지 않았다. 계시를 받아서가 아니라 다른 방법을 통해서였다. 다른 사람은 거의 사용하지 않는 그 나름대로의 독특한 비법을 통해 그는 가만히 앉아서도 천 리를 내다볼 수 있었다.

'보이는 대로 보고, 본 대로 생각하라', 이게 윌리엄의 비법 전부였다. 은밀하거나 신기한 기술도, 신의 계시나 종교적 통찰력도 아니었다. 사물을 허투루 보지 않고 자세히 살펴보고 관찰하는 게 첫 번째 방법이었다. 그리고 그 자료를 바탕으로 원인과 결과를 따져보는 게 다음이다. 별 것 아닌 것 같지만 효과만큼은 대단했다.

잃어버린 말 사건의 전말은 이랬다. 윌리엄과 아드소는 동행했지만 그 과정을 대하는 태도가 달랐다. 아드소는 그저 목적지에 잘 다다르기를 신께 기도하며 여행했다. 반면 윌리엄은 하나하나 또렷하게 주변을 관찰해 왔다. 규칙적으로 찍힌 말 발자국과 나뭇가지의 모습 등을 주시했고, 수도원에서 사람들이 웅성거리는 걸 보고서는 도망친 말을 찾고 있다고 추측했다.

윌리엄의 재능은 수도원장을 만났을 때도 놀라운 효과를 발휘한다. 수도원장은 수도원에서 벌어지고 있는 의문의 사건에 대해 말할까 말까 망설였다. 이때 윌리엄은 수도원장보다 먼저 살인 사건에 대한 이야기를 꺼낸다. 수도원장은 깜짝 놀랐다. 인간의 정신과 악마의 간계를 능히 꿰뚫어 보는 현자라고 칭송을 늘어놓으며, 수도원장은 사건에 대해 술술 얘기한다. 이 역시 윌리엄이 수도원의 분위기나 위치, 모습, 바람, 날씨 등을 고려해 얻은 추리였다.

잘 보고 잘 생각하라! 윌리엄의 강령이다. 과학의 시대를 살아가는 우리에게는 너무나도 익숙한 방법이어서 특별하다 할 게 없다. 하지만 이 방법이 14세기를 전후한 서양에서 등장해 보편화되기까지의 과정은 순탄치 않았다. 봄날이 되어서야 두터운 지층을 뚫고 새싹이 솟아나는 것처럼 때가 되어서야 등장했다. 《장미의 이름》은 작품의 시기나 장소, 등장인물을 치밀한 계산하에 설정하여, 이 시기와 이 시기의 갈등을 실감나게 묘사했다.

이 소설은 1327년 북부 이탈리아의 한 수도원을 배경으로 하고 있다. 윌리엄과 아드소는 방문한 수도원에서 수도사들이 희한하게 죽어 나가는 사건을 접하고, 예기치 않게 그 사건에 관여하게 된다. 윌리엄은 의문을 풀어내는 일에 베테랑이었다. 그는 소문대로 사건의 실체를 하나씩 예리하게 밝혀 나갔다. 알고 봤더니 모든 사건은 아직까지 전해지지 않고 있는 아리스토텔레스의 책, 《시학》 2권 때문에 발생했다.

14세기 초 북부 이탈리아는 서양뿐만 아니라 세계사에서도 정말 중요한 곳이었다. 지구적으로 확산되어 지금 우리에게 익숙한 생활 방식이 그곳에서 움트기 시작했다. 그 주역이 바로 윌리엄과 같은 부류의 사람이다. 이런 변화를 한눈에 보여 준 분야가 미술이었다.

| 〈8명의 천사로 둘러싸인 성모 마리아와 아기예수〉와 〈애도〉 |

　왼쪽 그림은 13세기를 대표했던 화가 치마부에(Cimabue)의 작품
이며, 오른쪽 그림은 14세기 초 활약했던 조토 디본도네(Giotto di
Bondone)의 그림이다. 둘 다 북부 이탈리아에 위치한 피렌체를 중심
으로 활동했다. 조토는 치마부에의 제자이기도 하지만 두 사람의 그
림은 느낌이 다르다. 그 그림을 붙들고 있는 사고방식은 더 달랐다.
시기적으로는 몇 십 년 차이가 나지만 사고 면에서는 중세와 근대의
천 년이라는 어마어마한 차이가 있었다.

　조토는 사물이 보이는 그대로 화폭에 담아내려고 노력했다. 그 과
정에서 근대적 화법인 원근법이 탄생했다. 하지만 치마부에는 그렇
지 않았다. 그는 실제가 아닌 머릿속 생각을 그림으로 표현했다. 신
에 대한 존경과 신앙심이 전해지도록 사람의 크기나 모습은 재구성
되었다. 사람을 작고 보잘 것 없게 흉내만 내는 정도로 그렸다. 조금

더 현실감 넘치는 모습으로 크기나 위치를 구성한 조토의 기법과는 달랐다. 비현실적인 치마부에와 현실적인 조토의 차이다. 조토는 회화의 양상을 바꿔 버렸다. 너무 실제 같다는 불평 아닌 불평마저 있었다.

"이미지들이 틀 밖으로 빠져나오고 있고, 주름은 숨 쉬는 얼굴에서 흘러내린다. 그들의 말소리가 곧 들릴 것 같은데, 바로 이 점이 위험한 부분이다. 위대한 정신들이 여기에 엄청나게 마음을 빼앗길 테니까."[18]

조토의 명성은 높아져 갔다. 알리기에리 단테(Alighieri Dante)는 그의 작품《신곡》에서 조토가 회화계에서 치마부에를 누르고 명성을 얻었다고 썼다. 치마부에가 그려 놓은 인물 위에 조토가 파리를 그렸는데, 치마부에가 진짜인 줄 알고 파리를 내쫓았다는 이야기가 전해질 정도였다.

1327년 이탈리아 북부의 수도원이란 배경은 르네상스가 태동하던 시공간적 배경과 일치한다. 윌리엄과 다른 수도사들의 태도는 조토와 치마부에의 관계와 유사하다. 조토와 치마부에의 차이는 윌리엄과 다른 사람들과의 차이와 다를 바 없다.

••••••••
18 앨프리드 W. 크로스비, 《수량화 혁명》, 김병화 옮김, 심산(2005), 219면.

월리엄에게 자연은 알맹이를 감싸고 있는 껍데기가 아니었다. 자연은 신의 메시지가 드러난 커다란 책이자 그림이며 거울이었다. 자연을 통해서 신을 느끼고 신의 메시지를 파악해 내는 것이 가능했다. 신은 교회와 성경 속에만 있는 것이 아니었다. 그는 자연에 대한 호기심이 가득했고 자연을 체험하고 만져 보기 위해 분주했다. 밭을 하루 종일 거닐기도 하고 풀을 씹어 음미하기도 했다. 그는 자연이라는 책을 읽어내는 데 정통했다. 그에게 신은 늘 순간이자 현재였고, 움직임이었으며, 변화였다.

반면 일반 수도사들에게 자연은 결과이자 껍데기에 불과했다. 그들의 주요 관심사는 자연의 변화를 주도하는 신의 의중을 파악하는 데 있었다. 꽃은 아름다우나 철이 지나면 시들어 버린다. 따라서 관심을 기울일 만한 대상이 아니었다. 변화란 불완전한 것이고 껍데기이며 허상이었다. 반면 신은 순간을 초월한 영원이자 불변이었다. 어차피 허무한 존재를 알아볼 정도로만 그려 주면 되지, 실제처럼 그리려고 애쓴다는 건 부질없는 짓이었다.

생각의 방향도 달랐다. 월리엄은 사건의 전후 관계에 중점을 뒀다. 우리가 관찰할 수 있는 것은 무엇인가? 사물의 전후 관계일 뿐이다. 그는 관찰하는 것을 자료로 삼아 생각해 나갔다. 조금 전에 본 눈밭의 말 발자국과 나중에 본 어수선한 사람들, 그 전후 관계 파악이 핵심이다.

일반 수도사들에게 사건은 전부가 아니었다. 사물은 스스로 움직이는 게 아니라 신의 뜻에 따라 움직였다. 그 뜻을 알아내야 사물을 제대로 이해한 것이었다. 그래야 사물을 부처님 손바닥 들여다보듯 훤히 알 수 있었다. 그 뜻이 관심사였기에 기도를 통해 끊임없이 신께 물었다. 신의 뜻을 인간이 알아내기란 사실상 불가능하다. 묻기는 하지만 그걸 알아내지는 못한다. 인간은 늘 기도 중이건만 신은 늘 묵묵부답이다. 그사이에 윌리엄은 관찰을 통해 정보를 모으고, 사건의 전후 관계에 대한 퍼즐을 착착 맞춰 갔다. 윌리엄은 갈수록 예리해졌다. 자꾸 써먹으니 실력이 늘어 가는 것이다.

윌리엄은 과학적 태도를 견지하기 시작했던 새로운 부류의 사람이었다. 목표나 목적을 미리 정하지 않고, 있는 그대로를 보며 그대로 이해하려 했다. 또한 조토처럼 보이는 대로 그리려고 노력했다. 그들은 아리스토텔레스의 철학을 거부했다. 로저 베이컨(Roger Bacon)이나 윌리엄 오컴(William of Ockham)이 이런 면에서 선구자로서의 중요한 역할을 했다. 그래서인지 《장미의 이름》에서 베이컨은 오컴의 스승으로, 오컴은 윌리엄의 친구로 출현한다.

과학이라고 하면 분석과 실험이 떠오르고, 자연에 대한 이론과 지식이 연상된다. 이런 건 과학의 방법이자 결과이다. 위대한 과학의 시작은 어떤 '태도'였다. 과학적 태도란 보지도 않고 다 아는 것 마냥 이러쿵저러쿵 떠들지 않는 거다. 일단 들춰 보고 그 다음에 이야기한다. 잘 들춰 보기 위한 조치가 바로 실험이다. 과학에서는 현상의 목적이나 목표를 미리 가정하지 않는다. 어떤 가정도 필요치 않다고 했던 아이작 뉴턴(Isaac Newton)의 말 그대로다. 이런 걸 과학이라 한다면 과학은 모든 영역에 존재할 수 있다.

과학의 마법 지팡이, 수학

잘 보기 위해서 우리는 때때로 도구가 필요하다. 눈과 손만으로는 한계가 있기 때문이다. 자연스러운 공간에서 살펴보기 힘들 때는 인위적으로 환경을 조성해서 관찰한다. 이게 실험이다. 실험을 위해서는 갖가지 도구가 필요하다. 환경 조성을 위해, 측정을 위해, 기록으로 남기기 위해서 등등…….

잘 보기 위해 도구를 만들어 내는 현상은 미술에서도 등장했다. 아래의 그림은 16세기 독일의 화가 알브레히트 뒤러(Albrecht Dürer)의 저서 《측량법》에 수록되어 있는 삽화다. 그림 속 모델은 요염하게 누워 있고 화가는 그런 모델 앞에서 진지하게 그림을 그리고 있다. 그런데 모델과 화가 사이에 거추장스러운 막이 하나 있다. 그 막은 바둑판처럼 생겼다. 모델을 바로 보기가 민망해서 쳐 놓은 가림막일까? 틀렸다. 이 막은 화가의 눈에 비친 모델의 신체 위치를 정확히 파악하기 위해 공간을 분할해 놓은 도구다. 그림을 그릴 종이도 똑같은 비율의 네모 칸으로 나뉘어 있다. 2행 3열 칸에 모델의 코가 보였다면 그 칸

| 알브레히트 뒤러의 《측량법》 삽화 |

에 코를 그려 넣으면 된다.

그렇다면 화가 앞에 꽂혀 있는 칼처럼 생긴 막대기는 무엇일까? 정신을 바짝 차리라고 박아 놓았을까? 아니다. 그건 눈의 위치를 정확히 표시해 주는 기능을 한다. 화가가 그림을 그리다가 화장실에 다녀왔다고 치자. 똑같은 위치에서 그림을 이어 나가지 않으면 새로 그려야만 한다. 시점이 달라지면 모든 게 헛수고니까 말이다. 하지만 이 막대기가 있으면 눈의 위치를 고정할 수 있다. 막이나 막대기는 보이는 대로 그리기 위해 고안해 낸 도구들이었다.

도구는 과학의 발전을 가능케 했다. 얼마나 자세히 그리고 정확히 바라보느냐에 따라 이야기가 달라지기 때문이다. 망원경이 있는 것과 없는 것은 천지 차이다. 육안으로 우주를 보는 것과 망원경을 이용하는 것, 둘 사이의 이야기는 차원을 달리한다. 갈릴레오 갈릴레이(Galileo Galilei)도 망원경을 통해 목성의 위성이나 달의 표면을 관찰하면서 지동설을 지지하기 시작했다.

베이컨은 과학을 옹호하면서 기계나 도구의 사용을 정당화했다. 기계 과학도 하느님의 뜻이기에 지극히 온당하며 건강한 마술이라고까지 말했다. 베이컨은 특히 광학 분야에서 두드러지게 활동했는데 안경, 망원경, 화약을 그의 성과로 보기도 한다. 여러 도구의 도움으로 그가 마법사였다는 말이 사후에 나돌 정도였다. 마법사라는 표현은 놀라움과 두려움의 표현이었다. 재주는 놀라운데 그 존재는 의심스럽다는 뜻일 게다.

작품 속 윌리엄도 여러 도구를 갖고 다녔다. 시계, 천체 관측의, 자석, 돋보기가 등장한다. 하늘이 말짱한 날 밤이면 그는 삼각형 기구를 들고 별을 관찰했다. 그는 그것들을 놀라운 기계라고 불렀다. 동행한 제자나 일반 수도사들이 경계했기에, 그는 괜한 오해를 불러일으키지 않도록 그 기계를 드러내지 않고 조심스레 사용했다.

14세기의 변화를 군이 표현하자면 수학적이라기보다는 과학적이다. 하지만 시야를 조금 넓혀서 본다면 과학의 발전은 수학이라는 토대가 있었기에 가능했다. 수학을 응용할 수 있어서 가능한 일이었다.

뒤러의 판화를 보자. 공간과 종이를 분할한다는 아이디어는 수학 없이는 불가능하다. 가림막과 종이 위에 그려진 네모들은 개수와 비율이 같아야 한다. 위치를 찾거나 표시할 때도 수는 필수적이다. 이런 수학적 토대가 없었다면 기계와 도구를 적절히 사용하기란 불가능하다. 지금 우리가 사용하는 실험 도구들을 보라. 모든 결과는 수치로 표시되고 이론은 수식으로 집약된다.

서양의 근대 문명을 흔히 과학 문명이라고 한다. 그만큼 과학에 의존하고 있다. 그런데 같은 서양이라도 고대와 중세에는 이런 일이 없었다. 서양 이외의 문명권도 마찬가지다. 중국 문명은 근세에 이르기 전까지 서양보다 기술 수준이 더 높았지만, 근대의 과학과 같은 그런 류의 혁명은 일어나지 않았다. 과학이 싹트기 위해서는 특별한 사고의 전환이 일어나야 했다.

사물의 변화를 포착할 수 있다는 생각, 사물의 성질을 수로 나타낼 수 있다는 생각이 과학의 붐을 일으켰다. 예전 사람들은 사물에 관심도 없었고, 관심을 갖더라도 그 동기나 목적과 같은 성질에 치중했다. 게다가 변화 자체를 파악하는 건 불가능하다고 생각했다. 변화하고 있는데 어찌 그걸 측정할 수 있단 말인가! 온도, 바람의 세기, 습도, 강한 정도를 어찌 파악한단 말인가!

하지만 근대인들은 달랐다. 신의 메시지는 하늘에 있다기보다 가까이 있는 사물의 움직임에 있다고 보았다. 그들은 적절한 방법과 도구를 이용하면 뭐든지 측정할 수 있다고 생각했다. 이런 자신감을 심어준 게 바로 시계였다. 시계를 통해 보이지 않는 시간을 측정해 내자 뭐든 할 수 있겠다는 자신감이 생겼다. 이후 그들은 음의 높낮이를 측정해 악보를 만들었고, 온도계를 통해 따뜻하고 차가운 정도 역시 측정했다. 무게, 각도, 거리, 크기로 그 영역은 확대되었고 별과 우주로도 뻗어 나갔다. 14세기 초는 그런 전환기였다.

측정 도구들 대부분은 측정하려는 성질을 수로 표시한다. 이 역할을 수만큼 멋지고 완벽하게 해내는 기호란 없다. 알파벳, 색깔, 느낌 등 어떤 것으로도 수를 대체할 수 없다. 거의 불가능하다고 보면 된다. 수는 성질을 잘 나타내 줄 뿐만 아니라 현상을 해석해 내는 작업을 쉽게 도와준다. 수로 나타내기만 하면 수학이 그럴싸한 해석과 수식을 만들어 주는 것이다. 사물로부터 수를 뽑아낸다는 사고 자체가 혁명적이었고, 이로부터 과학 혁명이 이어졌다. 과학은 세상에 대한 정보를 끊임없이 제공하면서 다른 학문의 발전을 부채질했다.

수학에도 도구는 있었다. 수를 셀 때는 손이나 다른 신체, 막대기, 돌멩이를 이용했다. 수를 기록하기 위해 진흙판이나 동물의 가죽, 파피루스를 사용했다. 계산할 때는 흙을 이용해 썼다 지웠다 할 수 있는 계산판, 손가락이나 발가락을 포함한 신체, 계산 막대기인 산대로 차츰 발전해 나가다가 주판이 발명됐다. 계산 과정에 자주 나오는 계산은 표로 만들어 그때그때 활용했다. 구구단이나 제곱표, 제곱근표가 대표적이다. 도형을 그릴 때는 자와 컴퍼스의 도움을 받았다. 예전의 수학 도구들은 대부분 수학 내부의 문제를 해결하기 위한 것이었다. 선을 긋고, 계산을 하고, 방정식을 풀어내기 위해서였다. 수가 수학을 벗어나 사용되는 경우는 일상을 제외하고 드물었으며 또한 제한적이었다.

14세기를 전후로 수는 과학이라는 줄을 타고 수학의 경계를 넘어 사회 곳곳으로 퍼져 나갔다. 사물로, 현상으로 그리고 미지의 세계로 뻗어 나갔다. 들이대기만 하면 훤히 보이는 마법의 지팡이였다. 어둠을 밝혀 활동 영역을 넓혀 준 프로메테우스의 불처럼, 수는 과학 문명의 횃불이었다.

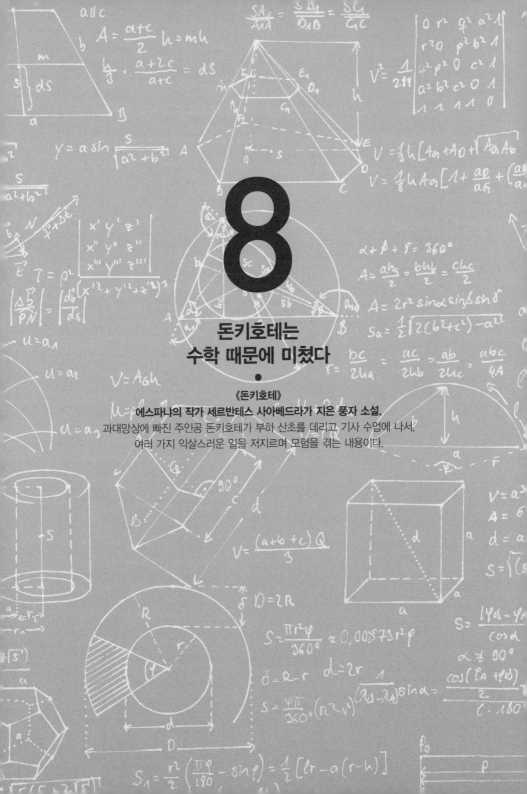

8

돈키호테는
수학 때문에 미쳤다

•

《돈키호테》
에스파냐의 작가 세르반테스 사아베드라가 지은 풍자 소설.
과대망상에 빠진 주인공 돈키호테가 부하 산초를 데리고 기사 수업에 나서,
여러 가지 익살스러운 일을 저지르며 모험을 겪는 내용이다.

광기의 다른 이름, 수학

광기와 수학은 참 닮아 있다. 수학자 중에는 미쳐 버린 사람이 많다. 탈레스는 수학에 미쳐 물웅덩이에 빠졌고, 아르키메데스는 수학 문제에 빠져 생명을 잃었다. 집합론과 무한을 다뤘던 게오르크 칸토어(Georg Cantor)는 미쳐서 정신 병원을 드나들었고, 수학의 논리가 완전한가를 다룬 괴델도 미쳐서 음식을 먹지 않았다. 게임 이론으로 노벨상을 받은 존 내시(John Nash) 역시 환각 증세로 수십 년을 고생했다. 광기와 수학의 닮은꼴에 대한 증거들이다.

　수학자 중에서 미친 사람이 많은 게 사실이라면 무엇 때문일까? 수학을 공부하는 게 워낙 힘들어서 공부하다 미쳐 버린 걸까? 아니면 사람들로부터 워낙 욕을 많이 먹어서? 이도 아니면 인기가 없는 탓에 사람들의 정을 그리워하다가? 모두 틀렸다. 수학 자체가 원래 그런 것이다. 수학은 수학자를 미치게끔 조장한다. 수학이라는 터 자체가 광기가 스며들어 있는 곳이다. 수학자는 늘 미칠 준비가 되어 있고, 간혹《돈키호테》의 주인공인 '돈키호테' 같은 수학자가 진짜 등장하기도 한다.

돈키호테는 시간 많은 시골 귀족이었다. 그래서 그는 기사 소설을 보기 시작했다. 여기까지는 별다른 이상이 없었다. 한물가버린 기사도를 좋아하고 그것을 따라하는 팔자 좋은 사람으로 보일 정도였다. 하지만 서서히 도를 지나쳤다. 재산 관리도 잘 안하고, 논밭을 팔아 기사 소설을 구입할 정도로 빠져들었다. 그는 소설의 세계를 현실로 받아들였고, 자신을 그 세계의 일원으로 간주했다. 기사도는 그의 세계가 되어 버렸다. 한마디로 돈키호테는 미쳐 버렸다!

우리는 정신적으로 이상이 생겨 말과 행동이 보통 사람과 다를 때 미쳤다고 표현한다. 광인과 원만한 대화를 나누는 건 쉽지 않다. 같은 사람이지만 정신세계가 워낙 달라서다. 광인은 우리가 살아가고 있는 세계가 아닌 다른 세계에 빠져 있다. 보통 사람이 범접하기 힘든 그만의 세계가 있다. 좋게 말하자면 다른 세계에 닿아 있는 것이다. 광인은 다른 규칙으로 세상을 살아간다. 그런 면에서 고대에는 광인을 비정상인이라기보다 인간의 또 다른 가능성과 능력을 품고 있는 기이한 사람으로 여기기도 했다.

미치는 것은 그리 어렵지 않다. 뭔가 하나를 골라서 그것에 푹 빠져 지내고, 그것을 중심으로 세계가 돌아간다 생각하고 살면 된다.

모든 걸 거기에 짜 맞추고 해석하면서 우기면 된다. 몸도 마음도 그 것을 향해 집중하면 그게 미친 거다. 제대로 미쳤느냐, 이상하게 미쳤느냐는 나중 문제다. 일상적인 것이 아닐수록 심하게 미쳤다는 평가를 받는다.

수학은 이제 일상적인 세계가 아닌 다른 세계를 지향한다. 현대에 들어서 이런 경향은 확고해졌다. 수학의 기본 영역인 수나 도형은 사물의 개수나 모양으로부터 시작됐다. 일상적 세계가 수학의 출발점이었다. 하지만 수학의 세계가 더 깊고 오묘해질수록 수학은 일상적 세계를 초월하기도 하고, 일상적 세계에서 분리되기도 했다.

수학은 수학만의 고유한 세계를 구축했다. 그 세계는 몸으로 갈 수 없고 머리로만 들어갈 수 있다. 우리가 경험하는 세상과는 다른 세상이다. 그곳에는 사고의 무한한 자유가 보장되어 있고, 아이디어라는 존재들이 살아간다. 아이디어가 뚜렷할수록 그리고 독특할수록 창조성을 인정받는다. 그 세계는 미쳐야 다다를 수 있고, 이미 다다랐다면 반은 미쳐 있는 상태라고 할 수 있다.

2, 3, 5, 7과 같은 소수는 현실과 별다른 관련이 없었지만 고대 그리스 때부터 관심의 대상이었다. 소수가 무한개인지 유한개인지, 소수 사이에는 어떤 규칙이 있는지, 우리가 알고 있는 가장 큰 소수는 어떤 수인지 등 많은 문제가 제기됐다. '골드바흐의 추측(Goldbach's conjecture)**19**처럼 현대에 이르러서도 새로운 문제가 등장하고 있다.

'피타고라스의 정리'는 고대 문명에서 직각이라는 현실적 문제로부터 출현했다. 고대 그리스에 이르러 이 문제에 대한 관심은 증명으로 넘어갔다. 다양한 증명법에 대한 관심과 연구는 지적인 호기심과 사고의 즐거움 때문이었다. 이 문제는 근대로 접어들면서 '페르마의 마지막 정리'라는 수의 성질을 다룬 문제로 둔갑했다. 현대에 이르면서 '페르마의 마지막 정리'는 수학의 미해결 문제로 명성을 날렸다. 현실과 무관한 이 문제의 해결을 위해 수학자들은 벌 떼처럼 모여들었다. 수학계 밖의 일반인들은 관심조차 주지 않는 문제의 해법을 찾아내려고 말이다.

집합론의 창시자 칸토어는 무한에 관한 독창적이고 오묘한 업적을 쌓았다. 너무 앞선 탓에 어느 누구도 그를 알아주지 않았다. 그는 무한의 세계에 이르렀다. 그는 그 세계를 여행한 첫 지구인이었다. 선구자로서 그는 무한의 세계를 열심히 탐험했고, 일반인이 보기에 정신이 오락가락했다. 그러다 그는 특이한 주제로 관심을 돌렸다. 윌리엄 셰익스피어(William Shakespeare)의 작품이 사실은 프랜시스 베이컨(Francis Bacon)이 쓴 것이라고 가정하고 그것을 증명하려고 애썼다. 풍차를 괴물로 본 돈키호테와 다를 바 없다.

수학이 다른 세계에서 벌어지는 일이라는 걸 상징적으로 보여 주는 사건이 돈키호테 시대에 있었다. 아무리 생각해도 그 의미를 알

---

19 오래전부터 알려진 정수론의 미해결 문제. 2보다 큰 모든 짝수는 두 소수의 합으로 표시할 수 있다는 추측이다. 이때 하나의 소수를 두 번 사용하는 것은 허용한다.

수 없는 허수 i가 등장했다. 허수는 제곱해서 음수가 되는 수다. 이런 수는 이전의 수 세계에는 존재하지 않았다. 양수를 제곱하면 당연히 양수가 된다. (+2)×(+2)= +4. 음수도 마찬가지다. (-2)×(-2)= +4.

허수라는 발상은 우스꽝스럽고 기괴한 돈키호테적 상상이었다. 결국은 i라는 새로운 수를 만들어 표시해야 했다. i^2= -1. 허수는 그 시대에 수로써 인정받지 못하고 요상한 수로 취급되었다. 음수도 제대로 못 받아들이던 시대였으니 당연했다. 허수는 수학의 본색을 적나라하게 드러내 주는 수였다. 또한 수학이 다루는 영역이 일상적 세계가 아니라 전혀 다른 세계라고도 말해 준다. 경험이 아닌 상상만으로 탐험이 가능한 다른 세계라는 거다.

자연수나 분수 정도로 수를 이해하는 사람은 수학의 영역이 자신이 살아가는 일상적 세계와 같다고 생각한다. 그런 사람에게 허수는 착각하지 말라고 일깨워 준다. 나는 너희들과 노는 물이 다르다고, 한국에 산다고 해서 다 한국 사람이 아니듯 다른 학문과 섞여 있다고 해서 비슷하게 보지 말라고 말이다.

허수와 같은 세계에서 생각하고 살아가는 수학자는 미치기에 딱 좋다. 수학을 하려면 제정신이 아니어야 한다. 위대한 수학자가 되고 싶다면 더더욱 그래야 한다. 그 세계가 일상이 될 정도로 빠져야 한다. 그래야 수학이 살아나는 법이다. 미쳐야 수학이 산다!

광기를 치료하는 약, 수학

돈키호테는 미친 사람, 광인의 대표 주자다. 미친 사람이 아니고서야 풍차를 보고 거인이라며 돌진했겠는가. 그는 주제 파악도 못하고 자신을 정의의 기사로 여겼다. 본 건 있어서 갖출 건 다 갖췄다. 쳐 박혀 있던 무기를 꺼내 손질하고 동행할 하인과 타고 다닐 말을 준비했다. 기사에 걸맞게 이름도 돈키호테로 바꿨다. 말과 하인에게도 직분에 어울리는 이름을 붙여 줬다. 여관 주인을 통해 근엄한 기사 임명식까지 우스꽝스럽게 치러 내고야 만다. 듣기엔 그럴싸하지만 실상은 우습다. 무기는 증조부가 쓰던 것들이어서 투구에는 얼굴 가리개가 없었고, 말은 병들고 약해 빠져 있었다. 그의 망상은 마을의 처녀를 자신을 사모하는 여인으로 둔갑시키기까지 한다. 북 치고 장구 치고 혼자 다 해 버렸다.

미친 돈키호테! 그의 정신을 되돌릴 방법은 없을까? 사람들은 돈키호테를 우습게 여겼고 무시하고 조롱했다. 그는 비범한 광인이 아니라 비정상적인 광인이었다. 가는 곳마다 우스꽝스러운 일을 일으켜 사람들에게 큰 웃음을 선사했다. 본인은 진지한데 남들은 비웃는 그 신세가 불쌍하기 그지없다. 도와주고 싶을 만큼 짠한 마음이 든다.

그의 친구들은 기사 소설이 원인이라며 그 책들을 모조리 태워 버렸다. 그러나 기사 소설을 불태우는 건 아무 효과가 없었다. 그의 증세는 멈추지 않았다. 그 이후로도 돈키호테는 산초에게 총독 자리를 주겠다며 꼬드겨 두 번째 여행을 떠났다. 책을 태운다고 해서 머릿속에 가득 차 있는 기사도의 세계를 지워 버릴 수는 없었다. 친구들은 돈키호테에게 다른 책을 던져 줬어야 했다.

수학책, 돈키호테에게 바로 수학책을 선물했어야 했다. 광기를 치료하는 약으로써의 수학이라니! 재미있는 상상만은 아니다. 광기와 수학, 각기 다른 세계를 지향한다는 공통점을 생각하면 돈키호테의 증상을 더 부추기지 않을까 생각할 수도 있다. 하지만 수학은 성질 면에서 광기와 정반대의 세계이다. 야생마 같은 광기를 붙잡아 둘 수 있는 중심 역할을 해낼 수 있다.

수학에는 정답과 오답이 있다. 자신의 의견이나 생각이 맞았는지 틀렸는지를 판단하게 된다. 맞았다면 했던 대로 계속 생각하고, 틀렸다면 자기 생각을 수정해 맞는 길로 방향을 바꿔야 한다. 수학은 제멋대로 길을 가는 게 아니다. 많은 사람들이 함께 구축해 놓은 길을 따라가는 것이다. 그 길을 간다는 건 자신의 생각 안에 다른 사람의 생각과 기준을 갖는 것과 같다. 그러니 자기 안에 갇혀서 자기만의 광기를 키워갈 가능성이 줄어든다.

다른 학문들은 수학과 다르다. 다른 학문에도 맞고 틀림이 있는 것 같지만 근본적으로 따져 보면 그렇지 않다. 결국은 주장이나 해석의 문제이기에 차이가 얼마든지 있을 수 있다. 진리란 무엇이며 삶은 어떻게 살아야 하는가와 같은 철학적 물음이나, 어떤 정치 체제가 좋은가와 같은 사회적 물음 또는 타인을 사랑해야 하는가와 같은 윤리적 물음에 정답이란 없다. 다른 선택이 가능하고 자신의 주장을 밀고 갈 여지가 충분히 존재한다. 어느 정도의 영향은 주겠지만 광기를 제대로 눌러 주기에는 미흡하다.

수학에는 비약이 없다. 설령 답이 맞았더라도 비약이 있었다면 틀린 게 된다. 모든 과정은 차근차근 한 단계씩 밟아 가며 전개돼야 한다. 설명이 가능하고 납득할 수 있어야 한다. 천 리 길이건 만 리 길이건 한 걸음부터다.

하지만 광기에는 비약이 많다. 어디로 튈지 예측 불가능이다. 때로는 수십 걸음을 훌쩍 뛰어넘기도 하고 그냥 날아가 버리기도 한다. 아무런 이유도 없다. 광인 스스로는 일정한 규칙이 있다고 하더라도 남들이 이해하기는 어렵다. 납득이 안 된다. 납득이 됐다면 그건 이미 광기가 아니다. 이런 광인이 수학을 공부한다면 상태는 달라질 수밖에 없다.

광인이 수학을 공부하는 게 가능할까? 수학자 중 미친 상태에서 수학을 접해 수학자로서 이름을 남긴 이는 아쉽게도 없다. 수학을 하다가 미쳤다는 평가를 받은 이는 있지만, 미친 상태에서 수학에 입문한 이는 없다. 광인이 수학을 공부하기란 어려우리라. 수학이 아니더라도 공부하는 것 자체가 힘들 것이다. 학문은 제멋대로인 주관적 세계를 벗어나 객관적인 세계를 지향한다. 공부는 자기만의 세계로부터 벗어나 다른 사람과 소통해 가는 과정이다. 광인이 지향하는 방향과는 반대다. 그러니 광인이 공부에 귀를 기울일 턱이 없다.

만약 광인이 공부할 수 있는 좋은 방법을 찾아낸다면, 적어도 사고면에서 광기를 극복하는 데 도움이 될 것이다. 공부 자체가 다른 이와 대화하는 것이므로 공부하는 과정에서 다른 사람과 소통하게 된다. 이 경우 수학은 매우 좋은 소재이다. 수는 만국 공통어인데다가 기호가 간단명료하여 주고받기 좋다. 수학의 과정은 공통의 규칙을 고스란히 익히게 해 준다. 광기를 다스리기 위한 치료법으로 수학을 고려해 볼 만하다. 수학을 접하는 것과 접하지 않는 것은 여러 면에서 차이가 난다. 특정한 규칙을 경험하고 공감해 보느냐 아니냐는 세상을 보는 눈을 달라지게 한다. 전자의 경우 수학을 못 따라가더라도 자신만의 규칙이 아닌 분명한 규칙이 있다는 것을 인정하기 때문이다.

문명 이전에 광기란 아직 밝혀지지 않은 미스터리일 수 있었다. 광기, 조금 이상하긴 하지만 뭐라고 결론 내리기가 쉽지 않고, 애매모호하고 검증이 불가능한 대상이었으니까. 광기를 보통 상태보다 뭔가가 더 넘쳐 나는 잉여와 풍성함으로 여길 수도 있었다. 하지만 돈키호테가 살던 시대는 이성이 두각을 내며 발달하기 시작하던 때였다. 수학이 발달한 문명사회에서 광기란 수학으로 대표되는 이성을 지니지 않은 상태 또는 무언가가 모자라거나 빠져 있는 부족한 상태를 의미하는 것으로 전락했다. 소설에서도 돈키호테는 이성을 상실해 버린 존재로 묘사됐다. 그는 광인으로서도 시대를 잘못 타고 태어난 셈이었다. 그는 시대적 분위기를 감안하여 기사도 책을 읽는 사이사이에 수학을 공부했어야 했다.

수학의 돈키호테 카르다노

작가 세르반테스 사아베드라(Cervantes Saavedra)는 돈키호테를 우스꽝스러운 존재로 묘사했다. 기사도에 취해 있는 돈키호테를 그런 존재로 볼 만큼 시대는 변했다. 세르반테스는 그런 기운을 충분히 맛보았고 그런 기운을 적극적으로 지지했다. 그는 1569년 스무 살도 채 안 되었을 적에 견문을 넓힐 겸 이탈리아로 건너갔다. 그곳에서 그는 르네상스의 문화를 흠뻑 맛보았다. 로마, 나폴리, 밀라노, 피렌체 등을 돌아다니며 선진 문물을 접했다.

르네상스는 중세의 겨울을 날려 보내는 따뜻한 봄기운이었다. 16세기는 근대가 시작되던 17세기를 준비하는 시기였다. 생동감과 자신감의 기운이 수학의 대지 위에도 감돌았다. 새로운 문제나 분야가 대두된 것은 아니었지만, 그럴 만한 기반이 탄탄하게 형성되었다.

인도-아라비아 숫자는 로마 숫자와의 기 싸움에서 승세를 굳혀 일반화되어 가고 있었다. 계산법도 그에 따른 계산법이 보급됐다. 음수가 소개돼 서서히 받아들여졌으며, 제곱해서 음수가 되는 허수도 발견됐다. 0.1이나 0.01 같은 소수(小數)가 등장해 수의 사용과 계산이 쉬워졌다. 문자나 기호도 금속 활자의 보급 이후 자리 잡아 갔다. 이슬람 문명을 통해 발전된 삼각법도 체계화되었다. 무엇보다 중요한 수학적 성과는 3차방정식과 4차방정식의 일반 해법이 발견됐다는 점이었다. 16세기 수학은 언어와 시스템을 정비하며 이륙할 준비를 한 셈이었다.

새로운 시대로의 변화는 시간문제였다. 사람들은 이성을 신뢰해 갔고, 이성의 계발에 박차를 가했다. 돈키호테처럼 과거의 추억에 휩싸여 현재를 살아간다는 건 망상이요, 시대착오였다. 새로운 무기와 전술로 무장한 군대 앞에서 돈키호테는 그야말로 광인에 불과했다.

광인이 어떤 존재인지 몰라 반신반의하며 머뭇거리던 태도는 사라졌다. 광인은 그저 정신 나간 우스꽝스런 존재일 뿐이다. 광인을 상대하며 시간을 낭비할 틈이 없었다. 문명은 일반적으로 이성을 중요시하고 광기를 깔보는 경향이 있다.

광기와 이성의 대립은 무질서와 질서, 우연과 필연의 대립과 같다. 디오니소스와 아폴론, 돈키호테와 햄릿처럼 서로 대립하는 인간의 두 유형이다. 한 인간 안에서도 그런 대립은 존재한다. 광기가 우선할 때도 있고, 이성이 광기를 지배할 때도 있다.

이성과 광기가 꼭 대립하고 구분되는 건 아니다. 광기는 이성의 벽과 한계를 과감하게 뛰어넘어 새로운 지평을 열어 줄 힘을 갖고 있다. 때로는 이성을 타고 광기가 질주하기도 한다. 이성은 반대로 광기의 허상을 벗겨 주어서 광기로 인한 부작용을 막기도 한다. 광기의 놀라운 능력에 어떤 비밀이 있는가를 파헤쳐 한 인간에 국한됐던 능력을 공유하게 해 줄 수도 있다. 둘은 대립적이면서 상보적이다. 그런 수학자가 세르반테스가 살던 시대에 있었다.

지롤라모 카르다노(Girolamo Cardano)라는 이탈리아 수학자가 있었다. 그는 수학과 의학을 공부한 지식인이기도 했지만 미치광이 천재로 불릴 만큼 점성술과 도박에 빠진 이상 성격의 소유자였다. 그는 16세기 수학의 역사에서 빠질 수 없는 인물이다. 그와 그의 제자는 3차와 4차방정식의 일반 해법을 찾는 엄청난 성과를 달성했다. 당대 최고의 성과물로 그의 이성이 얼마나 대단했는지를 보여 주었다.

그런 그에게도 광기가 있었다. 축복받지 못한 탄생 때문인지 하루 3.8리터에 가까운 오줌을 배설하거나 위와 가슴에서 이상한 액체가 흘러나오기도 했다. 이로 인해 몸을 학대하며 신경질을 부리는 경우가 많았다. 꿈에서 본 여인과 닮았다는 이유로 어떤 여인과 결혼도 했다. 그의 광기는 그의 죽음에서 결정적으로 드러났다. 그는 1576년 9월 21일에 자신이 죽는다고 예언을 했는데, 그 예언은 정확히 이루어졌다. 그날 그가 자살했기 때문이다. 그야말로 광기의 극치가 아닌가!

카르다노의 광기는 그의 수학적 업적과 무관하지 않다. 그의 광기는 그의 수학적 야망을 부채질해 방정식의 해법을 다른 이로부터 전수받게 했다. 그 해법을 발전시켜 4차방정식까지 풀어냈다. 그 과정에서 그는 허수라는, 시대보다 너무 앞선 수를 발견했다. 카르다노는 너무 앞선 바람에 돈키호테 취급을 받았다. 이성으로 접근이 불가능한 영역을 광기로 넘어섰기 때문이다.

광기와 수학을 연결해 볼 만한 철학자도 있다. 바로 프리드리히 니체(Friedrich W. Nietzsche)다. 근대 철학을 망치로 두들겨 깨뜨린 그는 근대 너머의 대지를 딛고 서 있던 철학자였다. 니체의 저서 《자라투스트라는 이렇게 말했다》는 철학책이지만 결코 철학적인 형식이 아니다. 무아지경에 빠져 있는 시녀가 툭툭 내뱉는 경구 같다. 논리와 이성을 강조하는 철학에서 어찌 그런 작품이 나올 수 있었을까? 정말 미친 상태에서 쓴 책이 아닌가 하는 의심마저 든다.

니체는 기독교 집안에서 자랐고 학교에서도 고전 인문학을 주로 공부했다. 하지만 그에게도 수학과 과학을 공부했던 시절이 있었다. 군대에서 부상을 입고 제대한 후 그는 취약 과목을 공부해야겠다고 마음먹고 수학과 과학 공부를 아주 잠깐 동안 시도했다. 오래 배우지는 않았다. 니체가 수학과 과학을 조금 더 공부했더라면, 수학적 논리와 규칙을 조금 더 익혔더라면 그의 인생관은 달라졌을 것이다. 광기 어린 열정이 드러나기 전이었던 만큼 니체 특유의 광기를 눌렀을지도 모른다. 그랬다면 그의 위대한 철학은 수학에 갇혀 나오지 못했을 것이다.

다른 시나리오도 가능하다. 니체는 잠깐의 수학 공부로 논리의 한계를 봐 버렸다. 수학이 광기나 열정 같은 인간의 가능성을 가둬 버린다는 걸 눈치챈 것이다. 니체는 그렇게 결론짓고 열 받아 광기의 상태로 치달았다. 이성의 한계를 간파하고 그 너머를 꿈꾸며 질주해 버렸다.

광기와 수학! 정반대 힘인 구심력과 원심력의 관계 같다. 뛰쳐나가려 하고, 붙잡으려 하고. 밖을 향하고, 안을 향하고. 일탈을 꿈꾸고, 안정을 지향하고. 그러면서도 둘은 닮아 있다. 일상의 세계를 넘어 또 다른 세계를 꿈꾸고 지향한다. 경계를 넘어 새로운 세계를 향하고픈 인간의 소망을 담았다. 광기를 삶의 에너지로 받아들일 여지는 충분하다.

9

데카르트,
수학으로 꼬인 인생을 풀다

•

《방법서설》
1637년에 네덜란드에서 간행된 데카르트의 철학서.
데카르트의 철학적 자서전인 동시에 철학적 방법의 입문서로서,
학문 연구의 방법과 형이상학·자연학의 개요를 논술하고 있다.

수학으로 철학하기

수학을 어디에 써먹느냐고 투덜거리는 학생이 많다. 한두 마디로 답변하기 어려울 때는 권해 줄 만한 좋은 책을 찾게 된다. 1637년에 르네 데카르트(René Descartes)가 쓴 《방법서설》은 이때 딱 맞는 책이다. 한 권의 책이지만 사회, 수학, 철학, 종교 등이 읽기 좋게 통합되어 있다.

이 책은 제목 그대로 '방법의 머리글'이다. 여기에서는 어떤 방법을 설명하고 있다. 그 방법이 무엇인지는 원제 《이성을 잘 인도하고, 학문에 있어 진리를 탐구하기 위한 방법서설, 그리고 이 방법에 관한 에세이들인 굴절 광학, 기상학 및 기하학》을 보면 대강 알 수 있다. 그 방법이란 생각과 공부를 잘하는 법이다.

수학처럼 철학하라! 이것이 데카르트가 제시한 방법이었다. 그는 자신부터 수학을 이용하여 철저하게 철학을 했고 그 방법으로 톡톡히 효과를 봤다. 누구도 닿지 못한 데까지 다다라 진리를 깨달았고 쾌감을 맛봤다. 그래서 혼자만 간직하고 있자니 입이 근질거렸다. 남들에게 자랑하고 싶었고 추천하고 싶었다. 그래서 자신의 인생을 되돌아보며 에세이 형식으로 이 글을 썼다. 하나의 이야기나 우화 정도로 받아들여 달라는 겸손의 메시지도 잊지 않고 남겼다. 데카르트는 수학 전공자도 아닌 자신이 수학 전도사가 된 사연을 《방법서설》에서 담담하게 밝힌다.

데카르트는 명석판명(明晳判明)[20]한 진리를 깨닫고 싶었다. 이것은 그가 평생 추구한 업이었다. 그러려면 생각을 잘할 수 있는 방법이 필요했다. 데카르트는 주위를 둘러보며 방법을 찾아보았지만 모두 옹색하고 조잡했다. 목마른 사람이 우물을 판다고, 그는 스스로 방법을 만들기로 결심한다. 이때 그가 주목한 게 수학이었다. 그는 수학을 통해서 원하는 문제를 풀어냈고, 새로운 수학까지 만들어 수학자로서의 명성도 얻었다.

당대는 혼란스러웠다. 르네상스, 과학 혁명, 인쇄술, 종교 개혁과 종교 전쟁으로 뒤죽박죽이었다. 종교와 과학, 고대와 근대가 부딪치면서 교회는 허물어지고 다양한 주장이 제기되던 시대였다. 그의 말처럼 철학에는 논쟁의 여지가 없는 게 하나도 없을 정도였다. 한마디로 진흙탕 속이었다.

137

• • • • • • • • •
20 데카르트가 진리를 인식하는 기준으로 내세운 조건. 어떤 개념의 내용이 명료한 상태를 명석이라고 하고, 명석하면서 동시에 다른 개념과의 구별이 충분한 것을 판명이라고 한다.

시대만큼이나 데카르트 역시 혼란스러웠다. 그는 진흙탕에서 피어난 연꽃이 되고 싶은 꿈을 꾸었고, 학교에 들어갔다. 그리고 열심히 공부하면 확실한 인식을 얻을 수 있다는 선생님의 말을 믿고 열심히 공부했다. 결과는 정반대였다. 그는 공부할수록 더 많은 의심과 오류에 빠져 곤혹스러웠다. 공부를 할 만큼 했는데도 여전히 그러자 데카르트는 학교에서 시간만 낭비한다고 결론을 내렸다. 데카르트는 학교를 집어치우고 세상을 두루 경험하면서 방황의 시기를 보냈다. 프랑스 파리에 가서 술과 여자에 빠져 방탕한 시절을 보낸 적도 있었다. 자진해서 군대에 들어가 전쟁에 참가해 보기도 했다.

그러나 학교 공부가 전혀 소득이 없었던 것은 아니다. 그는 수학에 마음이 끌렸다. 근거가 확실하고 주장을 명확하게 증명하는 수학을 보면서 다른 학문과는 질적으로 다르다는 걸 직감했다. 그러나 가능성만 봤을 뿐 참된 용도를 알지는 못했다. 보석 같은 수학을 실생활에만 응용하고 있는 세태를 보고 한심하다는 생각만 했다. 세상이라는 넓고도 무한한 책을 보며 철학의 길을 본격적으로 걸어가던 중, 수학이 데카르트에게 한 줄기 빛으로 다가오는 일이 생겼다.

1618년, 데카르트가 군대에 있을 무렵이었다. 데카르트는 벽보에 붙어 있는 수학 문제를 풀고 있는 한 사람을 우연히 마주쳤다. 이게 뭐냐고 물었더니 그 사람은 귀찮아 하면서도 문제를 가르쳐 줬다. 어차피 못 풀 것이라 생각하고 데카르트를 덤덤하게 대했다. 그런데 데카르트가 며칠 뒤 이 문제를 풀어 버렸다. 그 사람은 깜짝 놀랐고 데카르트와 교류하게 되었는데, 그가 바로 이사크 베크만(Isaac

Beeckman)이란 수학자였다. 수학은 이렇게 우연히 데카르트에게 다시 찾아왔다.

수학 덕분에 데카르트는 철학의 길을 포기하지 않고 끝까지 갈 수 있었다. 왜 철학이 혼란스러운지 그 이유를 알게 되었기 때문이다. 수학처럼 제대로 된 방법도 없이 철학을 하기 때문이었다.

이성이라는 양식은 누구에게나 분배되어 있다. 누구든 사고할 능력을 갖추고 있다. 그러나 사람들은 그것을 제대로 발휘하지 못했다. 가장 필요한 것은 이성을 잘 써먹게 해 줄 방법을 찾는 것이다. 그는 수학에서 그 방법을 찾았다. 진리를 탐구하는 사람들 중 수학자만이 확실한 근거를 통해 사고할 줄 아는 그룹이었다. 그가 제시한 규칙을 보면 확실히 알 수 있다. 데카르트는 철학의 논리를 훑어보고 그 많은 규칙을 네 가지로 압축하여 제시했다.

① 명증적으로 참이라고 인식한 것 외에는 그 어떤 것도 참된 것으로 받아들이지 말 것
② 검토할 어려움들을 각각 잘 해결할 수 있도록 가능한 한 작은 부분으로 나눌 것
③ 내 생각들을 순서에 따라 이끌어 나아갈 것, 즉 가장 단순하고 알기 쉬운 대상에서 출발하여 가장 복잡한 것의 인식에까지 이를 것
④ 아무것도 빠뜨리지 않았다는 확신이 들 정도로 완벽한 열거와 전반적인 검사를 어디서나 행할 것

①은 참이라고 확인된 것만 받아들이라는 뜻이다. 무턱대고 믿지 말고 먼저 참인지 거짓인지 따져 보라는 말이다. 이 태도는 당시에 굉장히 위험하고 불온한 것이었다. 뒤집어 보면 ①은 일단 모든 주장이 참되지 않다고 부인한다. 중세의 종교적 세계는 믿음으로 시작되는 곳인데, 부인하며 검증하겠다는 태도는 그 세계를 부인하는 것과 다를 바 없었다.

②는 문제를 통째로 다루지 말고 잘게 부수어서 보라는 거다. 너무 크면 엄두가 나질 않고 해결책이 안 보인다. 이때는 문제를 작은 부분으로 나누어 검토하되 ③처럼 순서를 밟으면 된다. 쉬운 것부터 시작해서 어려운 것까지 차차 격파해 가면 된다. 그렇게 한 뒤 ④처럼 빠진 게 없는지 검토한다.

데카르트가 얻은 네 가지 규칙의 출처는 그의 머리가 아니라 그가 공부했던 기하학, 구체적으로는 유클리드의 《원론》이었다. 이 책은 기원전 3세기에 출현한 이래 수학을 공부하는 방법의 전형이 됐다. 그는 이 방식을 철학에 그대로 적용했다.

①의 규칙은 증명의 정신이다. 수학에서 증명되지 않은 사실은 사실이 아니다. 증명을 거쳐야만 비로소 정리로 인정받는다. 규칙 ②, ③, ④도 《원론》에서 보여준 증명의 방법을 말로 풀어 써 놓은 것에 불과하다. 원론의 일부를 통해 확인해 보자.

《원론》의 제1권 47번은 피타고라스 정리를 증명해 놓았다. 그런데 47번은 그 이전의 정리4, 정리12, 정리28, 정리35, 정리46을 전제로 하여 이뤄졌다. 정리 46은 다시 정리3, 정리11, 정리22, 정리31, 정리

34를 토대로 했다. 이런 식으로 내려가면 정리47의 출발점은 정리1이 된다. 정리1은 정삼각형을 작도할 수 있다는 것으로 아주 쉽다.

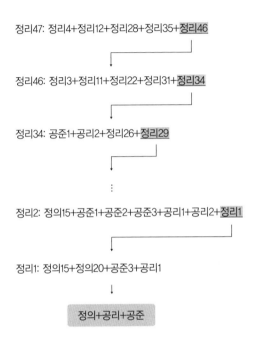

《원론》 제1권의 최종 목표는 피타고라스 정리의 증명이었다. 이건 좀 복잡하고 어려운 문제였다. 유클리드는 이 문제에 관련된 내용들을 여러 부분으로 쪼갠 뒤, 각 부분들을 순서대로 배열했다. 배열이 바뀐 건 없는지, 빠진 부분은 없는지 여러 번 검토했을 것이다. 그리고 그 순서에 따라 쉽고 간단한 것부터 복잡한 것까지 하나하나 증명해 나갔다. 정리1은 첫 도미노였고 47은 마지막 도미노였다. 제1권의 순서는 그런 연쇄를 통해 정해졌다. 이 과정은 데카르트가 제시한 규칙 ②, ③, ④와 완전히 일치한다.

그런데 정리1보다 더 앞선 게 있다. 그 앞에는 정의, 공리, 공준이 자리 잡고 있다. '정의'란 용어의 뜻을 밝혀 주는 것이고, '공리'와 '공준'은 누구나 인정할 만큼 당연한 사실을 의미한다. 아무리 도미노를 잘 세워 놓았다고 하더라도 첫 도미노를 넘어뜨릴 손이 있어야 한다. 유클리드는 증명의 도미노를 시작하려면 증명에 사용되는 용어의 뜻을 밝히고, 정리1이 기반으로 삼을 근거가 필요하다는 걸 깨달았다. 그래서 정의와 공리를 맨 앞으로 뺐다.

정의와 공리를 본 데카르트 역시 자신의 철학이 기반으로 삼을 토대가 필요하다는 걸 알았다. 철학의 공리가 있어야만 했다. 그게 있어야 한 발짝씩 나아갈 수 있었다. 그는 그걸 찾아 나섰다. 그것만 찾아낸다면 준비된 방법에 따라 사고를 착착 진행할 수 있었을 터였다.

cogito ergo sum!
생각한다, 고로 나는 존재한다!

이것이 그가 찾아낸 철학의 공리이자, 그가 토대로 삼은 철학의 제1원리였다. 이후 그는 준비된 방법에 따라 이 원리로부터 신과 우주의 모든 것들을 이끌어 내며 근대 철학의 탑을 하나씩 쌓아 올라갔다.

데카르트는 수학을 통해 꼬인 인생길을 풀어 갔다. 문제가 무엇인지 뿐만 아니라 문제를 풀어 갈 방법까지 알아냈다. 하나의 완벽한 예시를 본 그는 그 노하우를 자신의 철학에 그대로 응용했다. 수학이 보여 준 지침을 평생 가슴에 담고서 정진했고, 많은 수확을 거둬들이며 근대의 문을 열었다.

좌표, 데카르트의 보답

데카르트는 뛰어난 철학자였지만 동시에 뛰어난 수학자로도 명성을 날렸다. 하지만 그의 수학적 성취는 그의 철학적 노정 위에서 이뤄졌다. 철학을 향한 열정이 수학을 다시 보게 했다. 그가 대단하게 평가했던 수학이었지만 당시 수학은 데카르트에게 쓸모없는 모습이었다.

데카르트는 《방법서설》에서 두 가지 수학을 언급했는데, 기하학자들의 해석과 대수(代數)가 그것이다. 기하학자들의 '해석'은 도형에 관한 공부인 기하학을 말하며, '대수'는 '수를 대신한다'는 뜻으로 문자와 식, 방정식 같은 대수학을 뜻한다. 기하학은 고대 그리스의 유물이었고 대수학은 16세기 이후 등장한 최신 학문이었다. 하지만 둘 다 데카르트가 곧바로 써먹기에는 부족했다. 나이가 많은 노인이거나 막 자라고 있는 어린이와 같았다. 그는 각각을 분석하여 장점을 살리고 단점을 보완하는 방법을 택했다.

데카르트는 기하학이 추상적이고 무용한 문제에 매달리면서 상상력을 지치게 한다고 했다. 적나라한 지적이다. 고대 그리스 인들의 기하학은 현실에 무관심했고 철저히 이론적이었다. 문제도 해법도 머리로만 이해되어야 했기에 지칠 정도로 머리를 써야 했다. 더 심각한 어려움도 있었다. 다음의 예시를 보자.

점G는 삼각형 ABC의 무게중심이다. 각 변의 중점과 마주 보는 꼭짓점을 잇는 중선이 만나는 교점이다. 무게중심 정리의 하나는 '무게중심이 중선을 2:1로 내분한다'는 것이다. AG:DG=CG:FG=BG:EG=2:1. 이걸 증명한다고 해 보자. 무엇부터 해야 할까? 머리가 멍해진다. 그러다가 이리저리 선을 그어 보면서 방법을 찾는다. 운이 좋으면 방법을 곧 찾아내지만 운이 없으면 고생은 고생대로 하고 방법도 못 찾는다. 기하학 문제에는 공식적이고 일반화된 해법이란 게 딱히 없다. 매 문제마다 상상하며 해법을 찾아가야 한다. 상상력을 지치게 할 수밖에 없다.

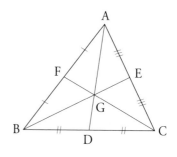

| 삼각형 ABC와 무게중심 G |

대수학은 몇몇 기호와 규칙에만 매달리다가 정신을 당황하게 만드는 기예로 전락했다. 학창 시절 누구나 경험해 봤을 것이다. a, b, c나 x, y, z 같은 문자를 써서 푸는 2차방정식을 떠올려 보라. 선생님들은 인수분해나 완전제곱꼴, 근의 공식과 같은 해법을 알려 주며 그걸 이용해 문제를 풀라고 한다. 학생들은 거기에 맞춰서 다양한 유형의 문제를 반복해서 푼다. 하지만 그게 무얼 의미하는지, 그 결과가 말하는 게 뭔지는 모르는 경우가 태반이다. 그걸 물으면 당황해 한다. 이유도 속도 모르며 사용하는 기술에 불과한 것이다.

두 학문의 장점도 있다. 기하학은 선을 이용해 모든 대상을 나타낸다. 선은 단순하고 분명하다. 눈에 보이기 때문에 머릿속에서 상상하지 않아도 된다. 문제를 눈에 보이게끔 해 주니 문제 해결이 아주 쉬워진다.

대수학의 최대 장점은 기호를 써서 대상을 간략하게 표시하는 것이다. 'ax²+bx+c=0'이란 수식은 기호를 사용하여 무한히 많은 2차방정식을 식 하나로 나타내 준다. 또 대수학에는 기계적인 해법이 있기에 해법을 찾기가 쉽다. 근의 공식은 어떤 2차방정식이든 풀 수 있다. 근의 공식에 집어넣으면 무조건 답이 나온다. 지나친 상상력을 발휘할 필요가 없다.

데카르트는 기하학처럼 대상을 시각적으로 나타내고, 대수학처럼 대상을 간단히 표기해서 기계적으로 문제를 해결할 수 있다면 문제 해결이 아주 쉬워지겠다고 생각했다. 그 결과 기하학과 대수학의 장점만을 결합한 수학을 떠올렸다. 이건 수학만의 문제가 아니었다. 수학은 사고의 방법이었기에, 수학 이외의 영역으로 응용할 수도 있었다.

새로운 수학을 향한 데카르트의 도전은 결국 열매를 맺었다. 좌표를 수학에 도입하여 수학의 모습을 바꿔 버린 것이다. 좌표의 도입으로 그동안 나뉘어 있던 대수학과 기하학은 하나로 통합됐다. 기하학의 문제를 대수학으로, 대수학의 문제를 기하학으로 접근이 가능해지면서 문제 해결이 쉬워졌다.

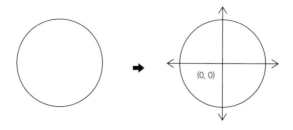

| 좌표 위에 놓인 원 |

    왼쪽에 원이 하나 있다. 이 원을 좌표 위에 놓으면 원은 '$x^2+y^2=r^2$'과 같은 수식으로 바뀌어 오른쪽 그림이 된다.

    그러면 원이라는 기하학적 문제는 2차방정식의 대수적 문제로 바뀌어 버린다. 반대로 '$x^2-3x+10=0$'이라는 방정식은 좌표를 이용하면 포물선 그래프가 된다. 그렇게 되면 문제가 무얼 의미하는지 눈에 보여서 해법을 찾기가 수월해진다.

    좌표로 인해 대상에 대한 관점도 바뀌었다. 좌표가 등장하기 이전의 원은 전체가 하나의 대상이었다. 하지만 좌표로 인해 원은 수많은 점의 집합이 되었고, 원은 수많은 점으로 잘게 쪼개질 수 있게 되었다. 원은 일정한 특성을 지닌 점들이 움직인 경로이자 그래프였다. 대상을 전체로 다루지 말고 쪼개서 접근하라는 데카르트의 규칙이 현실화된 것이다.

    좌표의 도입은 수학을 바꿔 버렸다. 그 공로를 인정하여 좌표 기하학을 데카르트 기하학이라고 부른다. 대수학과 기하학의 구분이 사라지고, 문제 해결 기법은 한층 풍부하고 다양해졌다. 이후 함수와 미분·적분이라는 개념도 등장했다. 이런 이론들은 이론에만 그치지 않고 과학을 포함한 문화 전반에 활발하게 응용됐다.

좌표는 데카르트가 수학계에 선사한 엄청난 선물이었다. 좌표는 이해 불가능한 문제를 이해 가능한 문제로 바꿔 주었다. 수학은 그만큼 확장됐고 해법은 더 풍부해졌다. 혼란을 겪고 있는 곳에 도움을 주는 방법은 간단했다. 좌표 하나와 원점만 슬쩍 표시해 주면 된다. 그러면 수학이 다 알아서 문제화하고 계산해서 답까지 제공해 준다.

10

소인국과 거인국,
비율의 세계를 여행하다

•

《걸리버 여행기》
영국의 작가 조나단 스위프트가 1726년 발표한 풍자 소설.
여행가 걸리버가 항해 도중 폭풍우를 만나 정처 없이 떠돌아다니면서 진기한 경험을
한다는 내용으로, 당시 영국 사회의 타락상과 부패한 정치를 신랄하게 비판하였다.

수학을 배운 걸리버

소인국과 거인국 여행기로 유명한 18세기 영국 소설 《걸리버 여행기》. 시대를 신랄하게 풍자한 탓에 작가는 훗날이 두려워 가명을 사용했으며, 출판업자는 문제를 일으킬 만한 부분을 삭제하고 나서야 출간하였다. 우리에게는 아동용 버전으로 축소되어 널리 알려졌지만 《걸리버 여행기》는 사실 당대의 세태를 비꼰 풍자 소설이다. 이 책에는 걸리버가 여행한 전혀 다른 네 곳의 이야기가 담겨 있지만, 사실은 작가 자신이 몸담고 있던 영국 사회를 에둘러 얘기하고 있다.

《걸리버 여행기》가 현실 비판적인 색깔을 강하게 띤 건 작가 조나단 스위프트(Jonathan Swift)의 삶이 그러했기 때문이다. 스위프트는 영국 성공회의 목사이면서 아일랜드 인이었다. 그는 정치적 활동에도 적극 가담했는데, 당시는 영국의 휘그당과 토리당이 정권을 장악하기 위해 분투하던 시절이었다. 그는 어떤 정치 문학 모임의 회원으로 활동하며 학문의 허위성과 남용을 풍자했다. 아일랜드 인으로서 영국 사회를 풍자하고, 정치인으로서 정치적 암투를 혐오하며, 목사로서 이성과 학문에 대한 비판적 입장을 견지하는 면모가 그의 소설에 드러난다.

수학도 중요하게 다뤄졌다. 스위프트가 비판하고자 했던 당대는 수학을 매우 중요하게 여겼다. 갈릴레이, 요하네스 케플러(Johannes Kepler), 뉴턴, 데카르트, 바뤼흐 스피노자(Baruch Spinoza), 피에르 페르마(Pierre de Fermat) 등과 같은 천재들이 등장해 세상을 뒤바꿔 놓은 시대였다. 그들은 인간의 이성이 얼마나 대단한가를 몸소 보여 주면서 이성 중심의 분위기를 주도했다. 그 중심에 수학이 있었기에 작가는 좋든 싫든 수학을 다룰 수밖에 없었다. 수학자가 아닌 사람이 바라본 수학 이야기이기에, 수학에 대한 그 시대의 일반적 이미지를 엿볼 수 있다.

걸리버는 수학 분야의 지식을 배운 인물이었다. 이 사실은 《걸리버 여행기》의 초반부에 언급되었다. 걸리버는 여행이 자신의 운명이라고 믿었기에 여행에 필요한 항해술과 수학을 습득했다.

걸리버의 첫 여행지는 소인국이었다. 소인국은 좁다란 세계에서 아웅다웅하는 인간의 모습을 상징한다. 산 위에서 산 아래를 굽어보며 세상살이에 허우적거리는 우리네 모습을 비웃는 셈이다. 걸리버는 이 나라가 수학 방면에서 아주 뛰어났다고 증언한다. 국왕이 학문을 좋아해 적극 장려한 결과였다. 그런 토대 위에 수준 높은 기계 공학을 발전시키고 있었다. 당대 사회의 모습이 그랬으리라. 아니면 그런 사회를 꿈꾸었던지.

걸리버를 위해 소인국에서는 침대와 음식을 준비했다. 침대는 소인국 사람들이 사용하던 일반적인 크기의 침대를 600개나 가져왔다. 그러고는 150개의 침대를 하나로 엮어서 큰 침대를 네 개 만들었다. 마지막으로 큰 침대를 네 겹으로 쌓아 걸리버를 위한 침대를 완성했다. 또 식량은 그 나라 사람을 기준으로 1,728인분을 준비했다. 수치가 아주 구체적이다. 그들은 수학을 잘 했기에 정밀한 계산을 통해 필요한 만큼만 딱딱 준비했다. 이유는 나와 있지 않지만 추측은 가능하다.

국왕은 수학자들로 하여금 걸리버의 키를 재 보게 했다. 그 결과 소인국 사람들의 12배라는 수치가 나왔다. 이 수치가 침대와 음식량에 대한 힌트였다. 그들은 키만으로 나머지를 정확하게 추측할 수 있었는데, 그 비법이 바로 수학이었다. 키는 길이를 의미하는데 소인국 사람과 걸리버의 키 비율은 1:12였다. 길이의 비를 알면 넓이의 비, 부피의 비를 알 수 있다. 길이의 비가 $m:n$이면 넓이의 비는 $m^2:n^2$, 부피의 비는 $m^3:n^3$이라는 걸 소인국의 수학자들은 알고 있었다. 넓이는 길이 두 개의 곱(가로×세로)이기에 제곱에 비례하고, 부피는 길이 세 개의 곱(가로×세로×높이)이기에 세제곱에 비례한다.

침대는 걸리버가 드러눕는 공간이기에 넓이와 관련되며, 음식은 입체이기에 먹는 양은 부피와 관련된다. 고로 침대에는 넓이의 비가, 음식량에는 부피의 비가 적용된다. 길이의 비가 1:12이니 넓이의 비는 $1^2:12^2=1:144$, 부피의 비는 $1^3:12^3=1:1,728$이다. 그래서 침대는 150개 정도를 붙여 하나의 큰 침대를 만들었고, 음식은 1,728인분을 준비하였다. 계산대로라면 침대는 144개가 네 겹이니 576(=144×4)개가 필요하다. 그러면 600개라는 수치는 뭘까. 어림한 수? 600개는 침대의 가로와 세로의 비 때문이다. 당시 침대의 가로와 세로 비가 1:2나 2:3이었다면 144개로는 큰 침대 하나를 못 만든다. 곱해서 144가 나오는 수 중 1:2나 2:3은 없기 때문이다. 아마도 곱해서 150이 나오는 수 가운데 하나가 그 비였을 것이다.

비를 이용한 해법은 다른 데에서도 발견된다. 걸리버를 위해 옷을 마련해 주는 장면에서 소인국 사람이 한 일이라곤 걸리버의 오른손 엄지손가락 둘레를 재는 것뿐이었다. 다른 신체 사이즈는 측정하지도 않았다. 그들은 비를 이용해 손목 둘레가 엄지손가락 둘레의 두 배라는 걸 알았다. 목과 가슴둘레도 비를 이용해 계산해 냈다.

이 장면에서 레오나르도 다빈치(Leonardo da Vinci)의 〈인체 비례도〉가 떠오른다. 이 그림은 다빈

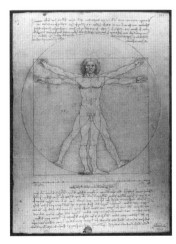

| 다빈치의 〈인체 비례도〉 |

치가 생각했던 인체의 비를 그림으로 나타낸 것이다. 양팔을 벌린 길이와 키는 같다. 1:1이다. 다빈치 역시 손가락 두께 하나만 알면 손바닥, 팔과 다리의 길이는 물론 키까지 알아낼 수 있었다.

그림의 정사각형 아래, 발바닥과 글자 사이에 줄 하나가 있다. 자세히 보면 눈금이 새겨져 있다. 맨 가장자리 양쪽에는 가장 작은 눈금 네 개, 그 옆으로 더 큰 눈금 다섯 개가 있다. 이는 손가락 길이 네 개가 손바닥 길이, 손바닥 길이 여섯 개가 팔 길이, 팔 길이 네 개가 키가 된다는 뜻이다. 소인국 사람들의 방법과 동일하다.

비율이나 비례는 고대부터 중요했다. 르네상스 회화의 산물인 원근법에서 비례는 핵심적인 기술이어서 화가들도 이 이론을 배워야 했다. 다빈치도 "그림은 조화로운 비례를 가져야 하고, 이 비례 속에서 그림의 모든 부분은 동시에 상호 작용하여, 전체적인 구도와 개별적인 성분 모두가 마치 하나인 것처럼 전체와 부분이 모두 보여야 한다"[21]고 강조한 바 있다.

데카르트도《방법서설》에서 "비록 수학의 대상이 다양하다고 할지라도, 수학은 자기 세계에 속하는 여러 가지 관계나 비율을 다루는 것이외의 다른 것을 생각하지 않는다"[22]고 말했다. 수학에 많은 분야가 있지만 그건 결국 관계나 비율을 다루는 것으로 모인다는 뜻이다. 이렇게 주목을 받던 비율이었기에 소인국에서도 다루어졌다.

수학은 거인국에서도 강조된다. 이 나라의 왕 또한 누구보다도 학

21 레오나르도 다빈치, 《레오나르도 다빈치 노트북》, 조윤숙 옮김, 이룸(2007).
22 르네 데카르트, 《방법서설》, 이현복 옮김, 문예출판사(1997).

식이 뛰어났는데 특히 철학과 수학에 능통했다. 거인국에는 네 가지 학문만 존재했는데 그중 하나가 수학이었다. 여기서도 비율은 강조됐다. 자연 현상마저 걸리버가 살았던 세계와 같은 비율, 즉 길이에 있어서 1:12의 비율을 유지하고 있다고 했다. 거인국은 12배 큰 곳이기에 입체인 우박은 12^3배인 1,728배가 된다. 그래서 우박이 거의 1,800배 크다고 표현했다.

이외에도 12라는 수가 반복되는데, 당시 영국에서 12진법이 일반적으로 사용됐기 때문이다. 소인국은 보통 사람보다 12배 작고, 거인국은 12배 정도 크다. 거인국에서 광대 노릇을 하던 걸리버를 보려고 거인들이 12번 몰려 왔다는 부분도 있다.

걸리버가 여행한 곳들은 모두 문명을 이루고 있었다. 문명이 발달했다는 것을 보이려고 작가는 그곳 모두 수학이 발달했다고 귀띔해 줬다. 그리고 수학의 수준이나 응용 정도를 통해 어느 정도의 문명인지를 보여 줬다.

학문의 척도하면 수학이 빠지지 않는다. 천재나 영재를 분별하는 결정적 요인은 수학이다. 18세기 서양은 계몽주의 시대였다. 이성을 통해 문명의 등불을 밝히려는 시기였다. 《걸리버 여행기》는 그런 분위기의 중심에 수학이 있었다는 걸 잘 보여 준다.

발견되지도 않은 별을 예언한 걸리버

《걸리버 여행기》 3부는 하늘을 날아다니는 원형의 섬 라퓨타 여행기이다. 라퓨타는 미야자키 하야오 감독의 애니메이션 〈천공의 성 라퓨타〉의 모티프가 된 섬으로, '하늘을 나는 섬' 혹은 '떠다니는 섬'이란 뜻을 지니고 있다. 《걸리버 여행기》에는 라퓨타가 지름이 약 7킬로미터이고, 두께는 270미터, 넓이는 40㎢ 정도라고 적혀 있다. 이 수치가 정확한지 살펴보자. 원의 넓이를 구하는 공식 πr^2에 반지름 3.5킬로미터(7킬로미터÷2)를 대입해 보면 넓이는 약 39㎢가 된다. 40㎢와 거의 근사한 것으로 보아 작가는 원의 넓이에 관한 지식을 알고 있었다.

라퓨타는 학문이 발달한 나라이며 사색과 연구를 직업으로 삼는 사람들이 모여 사는 곳이다. 그런 만큼 이 나라의 풍경은 일반적인 나라와 무척 다르다. 그들의 지식수준은 매우 높다. 작가는 당대의 과학 수준을 넘어서는 지식을 선보임으로써 라퓨타가 대단한 곳임을 구체적으로 증명했다.

라퓨타 인이 사색에 푹 빠져 있는 모습을 단적으로 보여 주는 장면이 있다. 그 나라의 여유 있는 사람들은 특별한 시종을 거느리고 다닌다. 이들은 주인을 따라다니며 머리를 두드리는 등 몸을 만져 준다. 안 그러면 사색에서 빠져나오지 못해 기둥에 부딪힌다거나 절벽에서 떨어지기 십상이다. 사색에 빠져 사는 사람의 모습을 코믹하게 풍자한 것이다.

사색하면 수학이 빠질 수 없다. 걸리버는 라퓨타에서 본 수학적인 풍경을 빠뜨리지 않고 이야기해 준다. 그가 국왕을 알현할 때 옥좌 앞에는 수학 기구로 가득한 탁자가 있었다. 왕이 수학을 그만큼 가까이 하고 있었던 거다.

식사할 때의 모습은 더 가관이다. 식사는 두 개의 코스로 이루어졌다. 코스 당 각각 세 개의 요리가 나오는데, 첫 번째 코스에서는 정삼각형으로 자른 양고기와 마름모 꼴로 자른 쇠고기, 원형의 푸딩이 나왔다. 시종들은 빵을 원뿔이나 원기둥, 평행사변형 모양으로 잘랐다. 취향 참 독특하다. 수학에 미쳐 있는 게 아니겠는가!

먹는 것뿐만이 아니다. 그들은 여자나 어느 동물의 아름다움을 칭찬할 때 사다리꼴이나 원, 평행사변형, 타원 및 그 밖의 기하학적 용어로 표현한다. '오, 원처럼 완벽한 나의 여인이여! 직선처럼 변함없이 지조 있는 여인이여!' 이런 식으로 시를 짓고 세레나데를 불렀다. 수학을 혐오하는 학생들이 들으면 미치고 환장할 풍경이 아닐 수 없다.

라퓨타에 대한 설명 중 단연 최고인 것은 화성의 위성이 두 개라는 특별한 지식이었다. 그러면서 운행 시간의 제곱은 중심으로부터의 거리의 세제곱에 비례한다고 했다. 두 위성은 각각 화성 직경의 3배와 5배 되는 거리에서 회전한다. 화성을 도는 데 걸리는 시간은 각각 10시간, 21시간이었다. 운행 주기와 거리 사이의 관계는 케플러에 의해 이미 제시된 것이었다. 천체의 공전 궤도 반지름을 R, 공전 주기를 T라고 할 때, 케플러는 행성들의 T^2과 R^3이 비례한다고 했다. 조화의 법칙이다. 행성은 타원 모양으로 회전하므로 긴 부분의 반지름을 R로 잡았다. 이 공식으로 수치를 확인해 보자. 비례하므로 T^2/R^3의 값은 일정해야 한다.

	공전주기(T)의 비	공전궤도(R)의 비	T^2의 비	R^3의 비	T^2/R^3
위성 A	10	3	100	27	3.7
위성 B	21	5	441	125	3.5

약간의 오차는 있지만 T^2/R^3의 값은 거의 비슷하다. T나 R을 자연수로 나타내려다 보니 그랬을 것이다. 스위프트가 케플러의 법칙을 응용했음이 확실하다. 당대의 과학에도 조예가 깊었다는 걸 은근히 과시한 것이다.

화성의 위성이 두 개라는 사실이 특별한 이유는 뭘까? 작가가 살던 당대의 사람들은 이 사실을 전혀 몰랐기 때문이다. 이미 발견된 사실을 가지고 꾸며 낸 이야기가 아니었다. 망원경을 통해 갈릴레이가 목성의 위성 네 개를 발견했지만 화성에서는 아무런 위성도 발견하지 못했다. 화성의 위성이 두 개라는 사실은 1877년에 밝혀졌다. 하지만 걸리버는 두 개의 위성이 있고 주기와 궤도의 반지름은 이러이러하다고 구체적으로 기술했다.

우연이라 하기에는 너무도 정확하다. 작가가 외계인을 만났고 그 외계인이 이 모든 걸 알려 준 것이라는 설이 존재하는 이유다. 라퓨타의 모양을 연상해 보면 이 시나리오는 더 그럴듯하다. 하늘을 날아다니고, 둥글며, 그 안에 사람이 살고 있다는 라퓨타의 모습은 일반적인 UFO의 이미지와 아주 비슷하다.

화성의 위성에 관한 신비로운 열쇠는 케플러에게 있었다. 케플러는 근대 과학에 지대한 역할을 한 인물이다. 뛰어난 과학자였지만 그는 신비한 면도 겸비한 신앙인이었다. 그는 신께서 우주를 일정한 규칙에 따라 창조했을 거라는 신념을 갖고 있었다. 그는 그걸 알아내고 싶었다. 그런 그가 수학적인 근거를 바탕으로 화성에 위성이 두 개 있을 거라는 추측을 남겼다. 케플러의 신념은 과학적이라기보다 종교적이었다. 종교적 신념은 그로 하여금 행성의 법칙을 찾게 했다. 행성의 궤도에 법칙이 있을 거라는 믿음이, 보이지도 않고 발견되지도 않은 화성의 위성마저 예측하게 했다. 신앙이라는 게 꼭 과학과 배치되는 건 아니다.

행성	지구	화성	목성
위성 개수	1	?	4

케플러는 행성과 행성의 위성 개수를 주목했다. 그리고 위성의 개수에 관한 수열을 만들었다. 위성의 개수는 지구가 하나, 목성이 네 개다. 그럼 수열은 {1, ?, 4}가 된다. 화성에 몇 개가 있는지는 모르지만 그는 이 수열에 일정한 규칙이 있을 거라고 확신했다. '?'에 들어갈 수는 2였다. 그래야 두 배씩 늘어나는 수열이 되기 때문이다.

하지만 현대 과학은 2012년을 기준으로 목성이 67개의 위성을 거느리고 있음을 밝혀냈다. 4개가 아니라 67개였다. 케플러가 이 사실을 알았다면 뭐라고 말했을지 궁금하다.

라퓨타는 천국일까 지옥일까?

학문과 사고가 발달한 라퓨타! 작가는 이곳을 찬양하면서 천국으로만 묘사하지는 않았다. 이곳의 우스꽝스러운 모습을 보여 주면서 이성 중심의 사회를 노골적으로 비꼬았다. 이론에 강한 사람이 대체로 실전에 약하듯이, 라퓨타 인은 일상적이고 실용적인 면에서는 맥을 못 췄다.

초라한 옷을 입은 걸리버에게 새 옷을 입혀 주기 위해 라퓨타의 재단사가 걸리버를 찾아왔다. 재단사는 천체의 고도를 측정하는 상한의(象限儀)[23]로 키를 재고 자와 컴퍼스로 신체의 부피와 윤곽을 쟀다. 걸리버는 이상하게 여겼다. 상한의나 자, 컴퍼스는 이론적인 학문을 위한 도구인데 그걸로 실제적인 문제를 해결하려 했기 때문이다. 아니나 다를까! 6일이 지나서 그의 걱정은 현실화됐다. 재단사가 가져온 옷은 몸에 맞지 않았다. 계산 도중 숫자가 틀렸던 것이다.

라퓨타 인은 실용적인 수학을 경멸했고 아주 천박한 것으로 생각했다. 그들은 수학과 수학의 또 다른 버전인 음악에는 강했지만, 나머지 일에 있어서는 서툴고 어색하고 쩔쩔매고 불편해 했다. 걸리버는 유럽의 수학자들도 그렇다면서 비판했다. 이런 면모는 고대 그리스로부터 이어져 내려온 수학적 전통이었다. 이론을 강조하고 현실을 가벼이 여기는 풍조 때문이었다.

....
23 90도의 눈금이 새겨져 있는 부채 모양의 천체 고도 측정기. 18세기까지 사용된 도구로, 한 변은 수직이 되도록 고정한 채 부채꼴의 중심점과 천체를 연결하는 선을 눈금으로 읽어 천체의 높이를 잰다. 사분의(四分儀)라고도 불린다.

이론과 사색에 빠져 있는 습관은 라퓨타 인의 정서에도 영향을 미쳤다. 라퓨타 인은 늘 불안에 싸여 있으며 한시도 마음의 평화를 누리지 못했다. 잠자리에 들어서도 편히 자지 못하고 생활의 기쁨이나 즐거움을 맛보지 못한다. 그래서 라퓨타의 부인들은 재미없는 남편을 멸시하며 다른 나라 사람들과 바람을 피운단다. 사색에 빠져 코앞도 못 보는 남편 앞에서 당당히! 하늘을 내다보면서 한 치 앞을 못 봐 물에 빠진 탈레스 꼴이다.

여성은 라퓨타에 적합하지 않은 성품을 지닌 존재였다. 남자들과 같은 재능이 없기에 늘 멸시받으며 살아갔다. 여성들은 그들이 라퓨타에 갇혀 생활한다며 한탄하기까지 했다. 오락을 즐기고 싶으나 오락거리가 없어서 일반 세상을 무척 보고 싶어 했다.

라퓨타의 남성과 여성은 행복해 보이지 않았다. 남성은 멋지지 않았으며 소심한 성격 탓에 늘 불안해 했다. 라퓨타에서의 일탈이나 탈출을 꿈꾸는 여성도 아름답거나 유쾌하지 않았다. 이곳에도 계급과 차별, 억압과 탈출은 존재했다. 해결해야 할 문제도 있었고 해결을 위한 시도도 여전히 있었다.

라퓨타에는 수많은 연구가 진행 중인 아카데미도 있었다. 오이에서 태양 광선을 추출해 내는 연구, 인간의 대변을 원래의 음식으로 되돌리는 연구, 얼음에 열을 가해 화약으로 만드는 연구, 지붕부터 짓기 시작해 차차 아래로 내려오며 집을 완성하는 건축법 연구 등 희한한 연구가 많았다. 현실화된다면야 좋겠지만 허무맹랑한 것들이 태반이다. 라퓨타의 현실을 조롱하는 스위프트의 태도를 느낄 수 있다. 수학 공부법에 관한 연구도 있다. 라퓨타는 수학이 발달한 나라이기에 수학 공부는 필수적이었다. 수학 공부는 라퓨타에서마저 쉽지 않았다. 개인 교수가 수학을 가르치는데도 학생들이 잘 따라오지 못해 늘 애를 먹고 있었다. 가장 쉬운 명제를 증명하는 데도 배우는 학생은 어려워했다. 증명 문제가 힘든 골칫거리인 건 예나 지금이나 다를 바 없다.

수학 공부를 한 방에 끝낼 수 있는 비법, 누구나 진지하게 생각해 봤을 것이다. 수학 공부의 고충이 심하면 심할수록 이 비법에 대한 욕구는 강해진다. 기하학의 왕도를 내놓으라며 윽박질렀던 그리스의 왕이 대표적이다. 간혹 우리는 상상한다. 책을 베고 자면 저절로 공부가 된다거나, 먹기만 하면 자동으로 공부가 되는 알약을 발견한다거나 하는……. 라퓨타에서도 똑같은 연구가 이뤄지고 있었다. 먹으면 수학 공부가 저절로 되는 과자! 라퓨타에서 진행되던 연구 프로젝트였다. 명제와 증명이 기록된 과자를 먹으면 인체에 흡수되어 과자에 기록된 수학을 저절로 알게 되는 연구였다. 하지만 성공하지 못했다. 과자를 먹은 사람이 제대로 소화를 시키지 못해서란다. 성공했더라면 수학 공부의 고통으로부터 해방됐을 텐데 아쉬울 뿐이다. 아직까지도 수학 공부의 왕도란 없다!

라퓨타에서는 수학을 공부하는 학생도, 수학을 가르치는 교수도 행복하지 않았다. 거기서도 수학은 으레 가르치고 공부해야 할 과목일 뿐이었다. 지금의 우리와 사정이 크게 다르지 않다.

수학이 발달한 라퓨타의 분위기는 매우 차갑고 우울하다. 이건 전적으로 작가의 관점이다. 작가는 라퓨타 인들의 암담한 모습을 통해 수학이 발달한 문명에 대해 경고를 보내며, 그런 사회가 될 것이라고 예언한다. 목사였던 작가는 이성 중심의 문명을 천국보다는 지옥에 가깝게 묘사했다. 라퓨타는 천국이 아니다. 수학의 발달은 우리를 천국에 저절로 데려가지 않는다. 수학이 즐거워지려면 특별한 노력을 해야 한다. 수학마저도 즐거워지는 그곳이 천국이니 수학을 즐겁게 향유할 수 있는 방법을 찾아 가자!

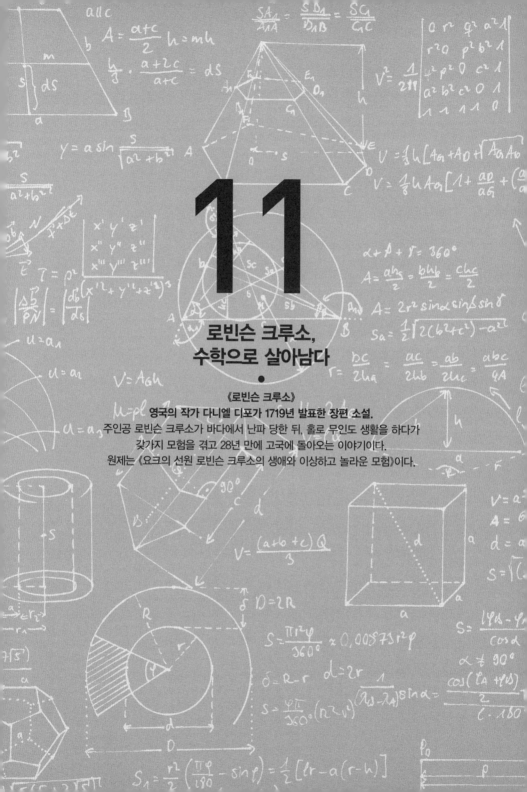

11

로빈슨 크루소, 수학으로 살아남다

•

《로빈슨 크루소》
영국의 작가 다니엘 디포가 1719년 발표한 장편 소설.
주인공 로빈슨 크루소가 바다에서 난파 당한 뒤, 홀로 무인도 생활을 하다가
갖가지 모험을 겪고 28년 만에 고국에 돌아오는 이야기이다.
원제는 《요크의 선원 로빈슨 크루소의 생애와 이상하고 놀라운 모험》이다.

18세기 서양의 시대정신

로빈슨 크루소는 행복한 중산층 가족의 아들로 태어났다. 장사로 큰 돈을 모은 아버지 덕분에 그는 가만히 앉아서도 부유하게 살 수 있었다. 하지만 그는 안정적인 집안을 버리고 배를 타고 여행을 떠났다. 한 마디로 고생을 사서 했다. 그 와중에 폭풍우를 만나 구사일생으로 무인도에 정착했고, 그는 자신의 잘못을 뉘우치며 생계를 직접 해결해 갔다. 부잣집 도련님이라 고생할 일이 없었기에 생존할 수 있을까 싶지만 크루소는 기대 이상의 활약을 펼쳤다. 그는 그곳에서 생존했을 뿐만 아니라 매우 수준 높은 문명을 창조해 냈다. 먹을 게 남아돌아 저장해야 할 창고도 짓고, 가축을 사육하며 식솔을 늘려 갔다. 나중에는 하인을 둘 만큼 풍족하고 부유한 생활을 했다. 자기 몸뚱이 하나도 가누지 못할 줄 알았던 그는 문명사회로 돌아오기까지 30년 가까운 시간을 그렇게 멋지게 보냈다. 다소 싱거운 해피 엔딩이다.

'호랑이 굴에 들어가도 정신만 똑바로 차리면 산다'는 말이 있다. 크루소의 드라마가 가능했던 것은 정신을, 달리 말하면 이성을 잘 활용했기 때문이다. 머리를 잘 쓰면 뭐든 할 수 있다는 게 이 드라마의 메시지였다. 여기에 수학이 빠질 리 없다. 그는 수학 덕택에 혼자서도 문명을 이룩하는 쾌거를 이루었다.

크루소가 무인도에 적응해 나갈 무렵 그에게는 의자와 탁자가 필요해졌다. 무얼 쓰고 먹기가 쉽지 않아서였다. 크루소는 의자와 탁자를 만드는 일에 곧바로 착수한다. 그러면서 말한다.

> "이성(理性)이 수학의 본질이요 근원인 것처럼 모든 것을 이성으로 이해하고 계산해서 사물을 가장 합리적으로 판단한다면, 누구나 시간이 지나면 저절로 모든 기술을 익힐 수 있다는 점이다."[24]

이성에 대한 크루소의 절대적인 신뢰를 엿볼 수 있다. 그는 연장을 다뤄 본 적이 없었다. 그런 기술조차 없었다. 하지만 그에게는 그런 기술을 얼마든지 익힐 수 있는 근본적인 자산, 이성이 있었다. 이성을 활용해 이해하고 계산한다면 못할 게 없다는 자신감이 그에게 있었다. 이런 태도는 이 소설을 만들어 냈던 18세기 서양 사회의 시대

24 다니엘 디포, 《로빈슨 크루소》, 김영선 옮김, 시공주니어(2007), 105면.

정신이기도 하다.

이성을 통해 성공한 크루소는 한발 더 나아가 다른 사람들을 격려했다. 그는 자신의 성공을 다른 사람보다 뛰어난 이성을 지녔기 때문이라 생각지 않았다. 그는 식인종 프라이데이와 지내면서 누구에게나 이성적 능력이 있다고 선언했다. 하나님이 프라이데이와 같은 야만인들에게도 문명인과 동일한 이성과 감정을 주셨다고 보았다. 선을 행하고 받아들일 수 있는 능력까지도 말이다. 바다 건너 식민지를 건설하고 흑인을 노예로 부렸던 역사적 행태와는 반대되는 말이다. 이 점을 새삼 깨달으며 그는 한탄했다. 사람들이 이성을 발휘할 기회를 갖지 못했다고, 이성을 올바르게 쓸 준비가 안 되어 있다고!

크루소의 말은 한 세기 이전 데카르트의 《방법서설》을 떠올리게 한다. 데카르트는 '양식은 누구에게나 공평하게 분배되어 있다'고 선언했다. 양식이란 이성을 뜻한다. 모든 사람은 이성적 능력을 충분히 갖고 있다. 다만 그것을 제대로 사용하지 못해서 문제가 발생한다고 했다. 크루소의 말과 완벽하게 일치한다.

크루소는 이성을 활용해 그의 세계를 건설해 나갔다. 아무런 기술이나 경험도 없이 자연과 싸우며 문명을 일구어 갔다. 이 과정은 인류가 자연을 극복하며 문명을 쌓아 올린 역사를 압축적으로 보여 준다. 여기에서 수와 수학의 탄생을 간접적으로 목격할 수 있다.

프라이데이는 식인종이었다가 크루소를 만나 야만적인 행동을 그만두었다. 개과천선한 그는 어떤 장소에서 크루소에게 이곳에 와 본적이 있다고 했다. 프라이데이는 이곳에서 남자 스무 명과 여자 두

명, 아기 한 명을 먹어 치웠는데 영어를 몰라서 크루소에게 돌멩이를 이용해 그 수를 알려 줬다. 돌멩이 스물세 개를 죽 늘어놓은 것이다. 다른 방법도 있다. 크루소는 문득 날짜 가는 것을 모르고 있다는 사실을 알아챘다. 얼마나 시간이 흘렀는지를 세야겠다고 생각한 그는, 처음 도착한 해변에 나무로 만든 십자가 기둥을 세우고 1659년 9월 30일에 상륙했다고 썼다. 그리고 기둥 옆면에 하루가 지날 때마다 칼로 눈금을 하나씩 새겼다. 눈금의 개수는 며칠이 지났는가를 보여 줬다.

최초의 수는 프라이데이나 크루소가 사용한 돌멩이나 선 또는 눈금이었다. 세고자 하는 대상을 돌멩이나 선에 대응시켜 표시하는데, 이런 흔적은 숫자에서 많이 발견된다. 숫자 1의 모양은 대부분 선이나 동그라미 하나다. 아라비아 숫자도, 한자도, 로마 숫자도, 마야 숫자도 그렇다.

우리는 수를 세는 행위를 대수롭지 않게 생각한다. 이미 너무나도 익숙하기 때문이다. 하지만 수를 세는 것 역시 어느 시점에 등장한 새로운 행위였다. 뭔가를 해결하기 위하여 인류가 고안해 낸 기술이었다. 크루소는 시간의 흐름을 알고 싶었다. 시간이 얼마나 흘렀는지, 며칠이나 지났는지를 파악하려 했다. 그가 섬에 오기 전 몸에 익었던 생활 방식 때문만은 아니었다. 실제적인 이유도 있었다.

무인도에 적응해 가면서 크루소는 농사를 시작했다. 아주 우연한 일이었다. 그는 배에서 가져온 주머니를 쓰기 위해 그 안에 들어 있던 곡물 부스러기를 내다 버렸다. 큰 비가 내리기 직전이었다. 한 달쯤 지나자 거기에서 푸른 싹이 올라왔는데 알고 보니 보리 이삭이었다. 이렇듯 인류의 역사에서 농사는 먹다 버린 씨앗으로부터 우연히 시작됐을 것이다.

그런데 문제가 발생했다. 무인도의 기후는 유럽의 기후와 달랐다. 무인도의 기후는 여름과 겨울로 나뉘는 게 아니라 우기와 건기로 나뉘었다. 그것도 여러 해에 걸쳐서 알게 됐다. 그래서 씨를 제때 뿌리지 않으면 농사를 망치곤 했다. 한번은 그가 적당한 시기라고 생각해 씨를 뿌렸는데 몇 달 동안 건기가 지속돼 싹이 자라지 않았다.

자연은 규칙성을 갖고 있다. 그런 규칙성을 알아야 때에 맞는 행동을 하며, 자연에 적응할 수 있다. 농사를 짓고 섬에서 살아남으려면 그 규칙성을 알아야 한다. 다시 말해 날짜를 세야 했다. 크루소는 수를 세게 되면서 섬의 규칙성을 알 수 있었다. 그는 우기와 건기가 언제 시작되고 끝나는지를 파악했고, 규칙을 알게 되자 미리미리 대비할 수 있었다. 우기가 되기 전에는 밖에 나가지 않도록 식량을 충분히 준비했고, 우기에는 집에서 바구니 만드는 일을 했다. 그는 그렇게 살아남았다.

《로빈슨 크루소》는 수의 위대함을 잘 보여 준다. 수가 인류에게 얼마나 대단한 능력을 주었는지를 차근차근 제시해 준다. 수와 이성에 너무 몰입한 나머지 역사적 사실보다 과장되게 묘사한 부분도 있다.

프라이데이는 식인종이었다. 사람을 먹는다는 건 문명의 이미지와 거리가 멀고, 프라이데이는 문명에 반대되는 이미지로 설정됐다. 그렇지만 식인종이라 하기에 그는 너무 똑똑하다. 그가 사용한 수를 보면 알 수 있다. 프라이데이 부족은 다른 부족과 싸워서 이겼다. 그는 자기 부족이 상대 부족 몇 천 명을 잡았다고 했다. 이 부분이 문제다. 몇 천까지 센다는 게 별 거 아니라고 생각하는 사람을 위해서 고대의 수를 살펴보자. 로마 숫자에서 1,000은 독립적인 기호로 표시된 숫자 중 제일 컸다. 아메리카 대륙의 아즈텍 문명에서는 20진법을 사용했는데 8,000이 제일 큰 숫자였다. 천 단위에 대한 대우가 의외로 높다. 천 단위가 아기들 장난 같은 수준이 아니었다.

전쟁에서 몇 천 명의 포로를 잡았다는 사실도 되새겨 봐야 한다. 몇 천 명을 잡으려면 그 싸움에 참가한 사람은 적어도 몇 천, 많게는 몇 만 명이 넘어가야 한다. 그 정도 수준의 싸움이라면 수십, 수백 명이 참여한 부족 간 전투가 아니다. 나라 간의 싸움이라고 해도 무방할 정도의 규모다. 그런 사회에서 살았던 프라이데이가 식인종일 리 없다. 식인 풍습을 유지하면서 나라라고 불릴 만한 사회 규모를 유지하기란 쉽지 않기 때문이다. 또 농사를 통해 식량 문제를 해결하지 않고서 그 정도 규모의 사회에 이르는 것 역시 불가능하다. 프라이데이가 몇 천까지 수를 셌다면 그는 상당한 규모의 사회에서 일정 정도의 지적 능력을 갖추고도 남았을 것이다. 실감난 표현과 묘사로 인기를 누린 《로빈슨 크루소》의 옥에 티다.

수와 사회에는 상당한 상관관계가 있다. 수가 있느냐 없느냐, 수를 몇까지 셌느냐, 수를 어떤 방식으로 표기했느냐를 보면 그 사회의 규모를 짐작할 수 있다. 문명권일수록 수는 커지고 수학은 복잡해진다. 수를 세게 되면서 인류는 개수와 크기를 파악하고 비교해 갔다. 그 과정은 매우 길고 험난했다. 수를 가지게 되면서 인간은 자연의 규칙성을 파악해 달력을 만들었고, 규칙에 따라 삶을 조직해 갔다. 크루소는 그런 수를 이미 알고 있었다. 그리고 수를 잘 활용해 생존의 단계를 거쳐 삶을 향유하는 문명에까지 이르렀다.

달력을 만들어 낸 로빈슨 크루소

크루소의 무인도 체류 기간은 점점 길어졌고 세야 할 수는 그만큼 늘어났다. 하나씩 선을 그어서는 불편할 뿐만 아니라 부정확했다. 선을 제대로 긋지 못해 날짜 계산에서 하루가 빠져 버렸다는 걸 나중에 알게 된 경우도 있었다. 뭔가 묘책이 필요했다. 그래서 크루소는 하루가 지날 때마다 선을 하나씩 그리되, 일곱 번째 눈금을 조금 달리했다. 다른 눈금보다 두 배 길게 그어서 다른 날과 차이를 둔 것이다. 일주일을 뜻하는 특별한 선이었다. 그리고 매월 첫째 날은 일주일을 뜻하는 선보다 두 배 길게 눈금을 그었다. 한 달의 시작을 뜻하는 눈금이었다. 그는 그렇게 달력을 만들었다. 일주일은 7일을 묶은 또 하나의 단위다. 한 달은 대략 30일 정도를 묶은 더 큰 단위다. 그 한 달이 열두 개 모이면 1년이 된다.

진법을 활용하면 셈이 편리해진다. 아라비아 숫자의 단위는 일, 십, 백, 천 이런 식이다. 열 배씩 커지므로 10진법이다. 시계는 60진법인데 고대 메소포타미아 인들이 사용했던 것으로 매우 오래됐다. 마야 인들은 20진법을, 서양에서는 중세까지 12진법이나 20진법, 60

진법을 섞어 사용했다.

1만 있으면 수는 너저분하고 지루하다. 하지만 진법을 사용하면 수가 오밀조밀하고 리듬을 갖게 된다. 변화가 있기에 수를 사용할 때 효과적이다. 달력은 그런 진법이 빚어낸 소중한 결실이다. 달력은 시간을 파악한다는 실용적인 목적 말고도 정신적 문화를 형성하는 데 엄청난 역할을 했다. 특정한 의미를 제공해 사람과 우주를 달리 보게 했다.

무인도에 안착하면서 크루소는 기록을 시작했다. 주로 중요한 사건들이 일어난 날을 한 달 단위로 기록했다. 그러다 그는 놀라운 사실을 깨달았다. 신기하게도 여러 일들 사이에는 우연의 일치가 존재했다. 그가 세상에 태어난 날이 9월 30일이었는데, 26년이 지난 9월 30일에 무인도에 도착했다. 바다로 가려고 도망친 날과 해적선에 붙잡혀 노예가 된 날이 같았고, 조난당했던 배에서 탈출했던 날과 몇 해 뒤 다른 지역에서 탈출한 날도 같은 날짜였다.

사람은 빵으로만 사는 게 아니다. 때로는 밥도 먹고 피자도 먹어야 한다. 음식뿐만 아니라 의미도 먹어야 한다. 그런데 우리에게 의미로 다가오는 순간이나 일에는 수가 관여된 경우가 많다. 생일, 만난 지 1,000일 된 날, 결혼기념일 등등……. 11월 11일 11시 11분 11초 같은 순간도 특별하다. 평범한 순간이지만 특정한 수가 반복되자 특별한 순간이 되어버린다.

수로 말미암아 순간순간은 색깔과 의미를 갖게 된다. 1월 1일은 환희와 기대감 넘치는 순간, 각자의 생일은 축복의 순간, 3월 1일은 역사적 아픔의 순간, 12월 25일은 사랑과 평화의 순간이 된다. 순간에 수가 결합되어 삶의 의미는 풍성하고 신비해지며 또한 무궁무진해진다. 수를 통해 사람은 삶을 다양한 관점에서 되돌아보고 앞날을 바라보며 몸과 마음을 새롭게 할 수 있다. 크루소가 새로 얻은 친구에게 프라이데이라는 의미 있는 이름을 줄 수 있었던 것도 수 덕택이었다.

수학의 진법도 삶을 달리 보게 하는 역할을 톡톡히 해낸다. 어떻게 묶느냐에 따라 대상의 의미는 달라진다. 자잘한 순간들을 묶고, 묶은 걸 또 묶으면 갈라져 있던 대상들은 하나가 된다. 하루하루로 보면 인생은 길고 시간은 많다. 하지만 365일은 겨우 1년에 불과하다. 365일 하면 날이 많은 것 같지만 묶어 놓으면 겨우 1년이다. 시간에 대한 느낌이 확 달라진다. 사람이 오래 살려고 발버둥을 쳐 봐야 백 년이고, 한 평생에 불과하다는 말이 가능해진다. 진법 덕택에 삶을 거시적으로 보게 되는 것이다.

종교는 보통 삶을 큰 맥락에서 이해한다. 나와 너를 달리 보지 말고, 인간과 우주를 구분하지 않고 통일적으로 보게끔 한다. 진법과 같은 기능으로 서로를 묶을 수 있는 보다 큰 개념이 필요해진다. 그래서인지 불가사의(不可思議),[25] 무량대수(無量大數), 겁(劫) 같은 큰 수들은 불교에서 출현했다.

진법을 따라 내려가면 뭔가를 더 자세히 보게 된다. 하나로 뭉뚱그려져 있던 삶은 여러 개로 구분되면서 보다 구체화된다. 한 평생이라

....
25 10^{64}을 이르는 말이다.

지만 우리는 100번의 해를 맞이하고 1,200번의 달을 반복하며 살 수 있다. 그것뿐이랴! 한 평생 31억 5,360만 초라는 어마어마한 재산을 갖고 있다. 그만큼 가슴 뛰는 순간순간이 우리에게 주어졌다는 고백도 가능하다.

크루소는 생활을 기록하면서 자신의 삶을 되돌아봤다. 자신이 누렸던 행운과 불행을 비교하며 대차 대조표를 작성했다. 외딴 섬에 떨어져 혼자 살게 된 건 불행이었다. 하지만 다른 선원들은 다 죽고 그만 홀로 살아남았다는 건 행운이라고 그는 스스로를 위로했다. 이런 게 분석이다.

분석은 뭔가를 쪼개서 자세히 살펴보는 행위로 과학에서 주로 사용된다. 과학은 측정 가능한 만큼 대상을 쪼개서 관찰한다. 진법을 거슬러 내려가는 것과 같다. 그래서일까? 마이크로미터나 나노미터 같은 가장 작은 단위는 과학의 산물이다. 대단한 역할을 한 뭔가가 꼭 복잡하고 어려우란 법은 없다. 진법은 간단한 개념이지만 그 역할은 대단했다. 수가 있는 모든 곳에 항상 진법이 따라다녔던 건 아니다. 수는 있지만 진법이 없는 곳도 많았다. 수를 하나둘까지만 세고 셋 이상부터는 많은 수라고 했다.

진법이란 말은 수학의 용어이자 개념이다. 하지만 이건 대상을 통합하거나 쪼개는 사고를 수학적으로 표현한 것이다. 수학에만 갇혀 있는 개념이 아니라 수학 밖에서도 찾아볼 수 있는 사고의 한 방법이다. 진법이 먼저인지 나중인지 알 수는 없지만 우리가 진법을 통해 삶의 많은 것들을 누리고 있다는 건 확실하다.

수학은 실질적인 문제에 대해서만 효과를 발휘하는 게 아니다. 진법의 예에서 볼 수 있듯이 의미나 문화 같은 정신적 영역에까지 영향력을 행사한다. 의미 있게 세상을 바라보고 그 의미를 따라 세상을 달리 구성하게 한다. 수학은 사회 구성의 커다란 한 축을 담당하고 있다.

12

수학, 8피트의 괴물을
만들어 내다

《프랑켄슈타인》
영국의 여류 작가 메리 셸리가 1818년에 발표한 소설.
인간과 똑같은 능력을 갖춘 기괴하고 거대한 인조 인간을 다루어,
오늘날 공상 과학 소설의 선구가 되었다.

8피트의 흉측한 괴물

《프랑켄슈타인》은 메리 셸리(Mary Shelley)가 19세 때 지은 이야기로, 남편과 함께 참여한 모임에서 유령 이야기를 써 보자고 했던 게 계기가 됐다. 당대의 다양한 철학적 사조, 특히 생명 원리에 대해 오가던 이야기를 옆에서 듣다가 만들어 낸 이야기였다. 《프랑켄슈타인》은 그녀의 상상 속에서 만들어졌지만 당시의 학문적 흐름을 기반으로 하고 있다. 따라서 작품 속에는 당시의 시대적 경향, 그중에서도 자연 과학에 대한 언급이 많다. 수학 이야기도 빠지지 않는다.

프랑켄슈타인을 괴물의 이름이라고 생각했던 적이 있다. 하지만 프랑켄슈타인은 사실 괴물을 만든 사람의 이름이다. 공부를 무척 좋아했던 그는 대학에 가서 자연 과학, 그중에서도 화학을 전공했고 결국 생명을 불어넣는 연구에 성공했다. 불행은 여기서부터 시작됐다. 프랑켄슈타인에 의해 탄생한 생명체는 8피트(244센티미터)의 흉측한 괴물이었다. 누구도 원치 않았던 탄생으로 인해 모두가 원치 않던 사건들이 줄줄이 이어졌다.

누가 괴물을 만들어 낸 것일까? 겉으로 보면 주인공인 프랑켄슈타인이다. 하지만 그는 그럴 의도가 전혀 없었다. 그가 생각했던 피조물은 그런 모습이 아니었다. 그는 괴물의 진정한 창조주가 아니었다. 괴물을 만들어낸 진짜 인물은 당대의 학문, 특히 수학이었다. 수학이 뒤에서 조정하는 바람에 그렇게 된 것이다. 선무당이 사람을 잡은 격이다.

스위스라는 소설의 배경은 여러모로 실제 배경을 연상시킨다. 작가는 1816년 제네바 근처에서 유령 이야기를 나누었던 그 모임을 가졌는데, 소설 속 프랑켄슈타인은 스위스 제네바 출신 명문가의 아들로 등장한다. 그는 어렸을 적부터 자연 현상의 원인을 밝히는 데 소질이 있었다. 그리고 자연을 움직이는 법칙을 알아내려는 호기심과 탐구열이 많았다. 그는 자연스럽게 공부에 빠져들었고, 명문가라는 배경 덕에 당시의 학문을 마음껏 접할 수 있었다.

공부를 좋아하는 명문가의 아이라는 배경도 뭔가를 떠오르게 한다. 바로 18세기를 화려하게 수놓은 스위스의 베르누이 가문이다. 이 가문은 정치, 예술, 학문의 분야에서 걸출한 인물을 무더기로 배출해 냈다. 그중 가장 많은 인재를 배출한 분야가 수학이었다. 뛰어난 수학자만 8명이었다. 하지만 다들 잘났기 때문인지 서로 간에 다툼이

잦았는데, 소설의 비극적인 결말과 무관하지 않아 보인다.

어쨌든 프랑켄슈타인은 물 만난 고기마냥 공부에 탐닉했다. 르네상스적 인간처럼 모든 분야에 관심을 보이고, 모든 분야에 능통한 건 아니었다. 근대인답게 그에게는 전공이 있었다. 그는 천체와 지상의 비밀을 알고 싶어 했다. 우연의 일치인지 베르누이 가문의 첫 수학자였던 야콥 베르누이(Jakob Bernoulli)가 관심을 보인 분야도 천문학, 물리학, 수학이었다.

천문학에 대한 관심은 당대의 천문학적 성과를 반영하고 있다. 1781년에는 윌리엄 허셜(William Herschel)이 망원경을 통해서 천왕성을 발견했는데, 이는 망원경의 발전이라는 발판이 있었기에 가능했다. 천왕성의 발견은 곧 이어 세레스(Ceres)라는 작은 행성의 발견을 이끌었다.

'티티우스-보데의 법칙'이 있다. 이는 요한 티티우스(Johann D. Titius)와 요한 보데(Johann E. Bode)에 의해 만들어진 수식으로 태양계 행성의 순서와 거리에 관한 것이다. 티티우스와 보데는 태양으로부터 지구까지의 거리를 1로 봤을 때, 다른 행성에서 지구까지의 거리 a를 다음과 같이 표현했다.

$$a = 2^n \times 0.3 + 0.4 \text{(n은 태양으로부터의 순서)}$$

이 식의 n에 -∞로부터 0, 1, 2처럼 수를 넣어 계산하면 그 행성까지의 거리가 계산된다.

행성	수성	금성	지구	화성	세레스	목성	토성	천왕성	해왕성
순서	$-\infty$	0	1	2	3	4	5	6	7
a	0.4	0.7	1.0	1.6	2.8	5.2	10.0	19.6	38.8
실제값	0.39	0.72	1.00	1.52	2.77	5.20	9.54	19.19	30.07

이 식은 특정 철학이나 이론으로부터 얻어진 게 아니었다. 실제 거리를 비교하면서 경험적으로 추출해 낸 것이었다. 이 규칙이 등장할 무렵에는 천왕성이나 해왕성, 세레스는 발견되지 않은 상태였다.

천왕성이 발견되면서 이 규칙은 주목받기 시작한다. 수식이 예언한 정도의 거리에 천왕성이 있었기 때문이다. 그러자 화성과 목성 사이에 n=3에 해당하는 어떤 별이 있지 않을까 하는 추측이 시작되었다. 사람들은 행성을 찾아내려고 달려들었고 그 결과 1801년에 한 천문학자가 소행성 세레스를 발견했다. 수학자 카를 가우스(Carl F. Gauss)는 한걸음 더 나아가 1년 뒤에 이 행성이 어디에 나타날지를 정확히 예측했다. 수식을 통해 행성의 현재뿐만 아니라 미래까지 알아낸 것이다.

수식을 통한 예측은 해왕성까지 이어진다. 천왕성의 궤도에 예기치 않은 변화가 일어났는데 학자들은 다른 별의 간섭에 의한 것으로 추정했다. 1840년대에는 그 추정에 의해 행성의 궤도를 예측했고, 1846년에 그 행성을 발견해 냈다. 그게 해왕성이다.

육안만으로 하늘을 바라보던 시절, 사람은 신화를 만들었고 상상력만으로 하늘의 세계를 그려 냈다. 그러던 인간이 이제 망원경을 통해 수식을 만들었다. 그리고 수식에 따라 보이지도 않는 곳까지 꿰뚫어 보며 과학이라는 또 다른 신화를 만들어 냈다.

과학과 수학의 지렛대는 우주를 들어 올리기 시작했다. 지렛대만 충분하다면 광활한 우주도 너끈히 들어 올릴 수 있었다. 수학만 있으면 어느 정도 길이의 지렛대가 필요한지도 계산할 수 있었다. 할 수 있다는 자신감은 자연 과학으로부터 사회 전반으로 흘러 들어갔다.

프랑켄슈타인은 학문을 통해 사회적 자신감의 세례를 받았다. 잘만 계산한다면 인간은 뭐든지 해낼 수 있었다. 신의 영역까지 손을 뻗친 인간의 업적에 그는 뿌듯해 했다. 급기야 그는 생명체 창조의 꿈을 꾸었고, 그 결과 원치 않았던 모습이긴 하지만 피조물을 탄생시켰다.

신의 영역에 도전하다

프랑켄슈타인은 당대의 주요한 과학적 성과와 업적을 차근차근 공부해 나갔다. 전기 요법, 혈액 순환, 전자기 등이 그것이었다. 그는 두루두루 공부하면서 관심 분야를 좁혔고, 마침내 일생일대의 연구 주제를 잡았다. 그는 생명에 손을 댔다. 생명에 관한 연구는 다른 연구와 차원이 다르다. 생활에 필요한 물건을 만들어 내는 것과 생명을 다시금 불어넣는 일은 다르다. 이전까지 생명은 전적으로 신의 영역이었다. 생명은 신으로부터, 자연으로부터 주어지는 것으로 사람의 영역을 초월해 있었다. 다른 건 몰라도 생명만큼은 어찌 해볼 도리가 없는 불가침의 영역이었다. 유한한 인간이 범접할 길이 없는 무한의 영역이었다. 하지만 프랑켄슈타인은 생명을 다뤘다. 인간과 문명에 대한 자신감이 반영됐다. 그게 없었다면 감히 시도조차 할 수 없었다. 그는 자연과 우주를 주물럭거리며 원하는 무엇이든 할 수 있다고 생각했다. 그 시대는 이미 신을 넘볼 만큼의 성과를 일구고 있었다. 이 성과에는 19세기 이전의 수학적 성과도 포함돼야 한다. 특히 무한을 수학적으로 다루게 됐다는 게 중요하다.

고대에 무한은 골칫거리였고 역설의 산실이었다. 거북이를 따라잡을 수 없다고 했던 제논의 역설이 대표적이다. 수학 천재였던 아르키메데스도 무한을 기반으로 추론했지만 공식적으로 수학에 도입하는 것은 꺼려했다. 제논의 역설(57쪽 참조)에서 아킬레우스가 이동한 거리는 다음과 같다.

$$S = 100 + 10 + 1 + 1/10 + (1/10)^2 + \cdots\cdots$$

S는 아킬레우스가 거북이를 따라잡기 위해 이동한 거리다. 여기에는 규칙이 있는데, 이동 거리가 1/10씩 줄어든다. 공간은 무한히 쪼개지므로 이 식은 무한히 이어진다. 무한히 이어지는 항의 합을 구해야 하므로 제논은 이 식의 답이 무한이라고 말했다. 고로 거북이를 따라잡으려면 무한한 거리를 가야 한다고 답했다. 무한을 잘못 이해한 것이다.

아르키메데스는 원과 넓이가 같은 직사각형을 구할 수 없음을 알

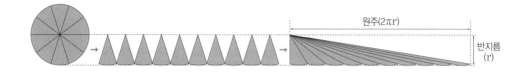

고 방법을 달리했다. 통으로 접근하기보다는 잘게 쪼개서 더하는 방법을 택한 것이다. 원을 잘게 쪼갤수록 그 조각은 거의 이등변삼각형이 된다. 그는 조각을 그림과 같이 결합해 원 넓이와 거의 크기가 같은 직각삼각형을 얻어 냈다. 그 직각삼각형의 넓이가 πr^2이다.

하지만 그는 무한의 개념을 증명 과정에 이용하지 않았다. 무한이 개입된 논리가 불완전하다고 스스로 생각했기 때문이다. 아무리 잘게 쪼개더라도 원은 곡선이므로 조각 하나가 이등변삼각형이 될 수는 없었다. 증명 과정에서는 무한이 아닌 다른 방법을 사용해야 했다.

고대 그리스 인의 수학은 유한의 수학이었다. 철학도 마찬가지였다. 그들은 유한을 완전한 것으로, 무한을 불완전 또는 미완성으로 간주했다. 고로 무한을 다룰 필요가 없었다. 그들은 무한을 다루지 않고 빼 버렸다.

무한을 배제하는 방식을 선택했던 고대 그리스 인들과 달리, 중세 인들은 무한을 신의 영역으로 돌렸다. 신이라는 구체적인 대상에 무한을 연결했다는 점에서 나아졌다고 볼 수도 있다. 하지만 신 또한 인간이 접근할 수 없는 존재다. 모양만 달랐을 뿐 무한을 정면으로 다루지 않고 빼 버린 점은 같다. 여전히 무한은 사람이 다룰 주제가 아니었다. 종교적으로도, 철학적으로도, 수학적으로도 그러했다.

근대에 들어서면서 상황은 달라졌다. 배제되었던 무한을 인간의 손으로 다루기 시작했다. 무한 자체가 정해지지 않았기에 계산 불가능이라고 보았던 과거와 달리, 무한을 계산하는 기술을 발전시켜 갔다. 결국 무한히 많은 수를 더한 값을 계산해 냈다.

수를 무한히 더하는 것을 간단히 '무한급수'라고 한다. 고대인들은 무한급수를 하나의 값으로 계산하기 어렵다고 봤다. 무한히 더하니까 그 값도 무한이 되거나, 무한히 더하므로 그 합을 확정하기 어렵다고 생각했다. 그러나 근대에 이르러 상황은 역전되었다. 어떤 식들은 무한히 더해도 하나의 값으로 확정할 수 있다는 게 밝혀졌다. 14세기 영국의 한 논리학자는 다음의 무한급수 값이 2가 된다고 했다.

$$1/2 + 2/4 + 3/8 + \cdots + n/2^n + \cdots$$

다른 이는 그래프를 이용해 이 식을 보다 간단히 증명하기도 했다. 또한 여러 종류의 무한급수를 다루면서 어떤 것은 특정 값이 되고, 어떤 것은 무한히 커지는지도 보였다.

17세기 이탈리아의 수학자 보나벤투라 카발리에리(Bonaventura Cavalieri)는 평면 도형을 무수히 많은 선의 합으로, 입체 도형을 무수히 많은 평면 도형의 합으로 설명했다. 이 방법을 이용해 그는 도형의 넓이와 부피 문제를 해결했다. 같은 세기 또 다른 이는 카발리에리의 방법을 수식으로 계산해 냈다.

수학은 무한급수도 하나의 값이 될 수 있고, 무한도 유한이 될 수 있음을 증명했다. 무한히 더한다고 해서 그 답이 꼭 무한이 되는 건 아니다. 고대인들도 이런 결론 자체를 몰랐던 건 아니었다. 아르키메데스만 하더라도 그걸 알았을 것 같다. 어떤 원이든 그 넓이는 한정되어 있고 유한한 크기를 갖는다. 그 원을 아르키메데스의 방법대로 무한히 쪼개서 더해 보자. 방법은 다르지만 동일한 원이므로 넓이 또한 동일할 수밖에 없다. 무한히 쪼개서 더하더라도 결과는 유한한 값이 나와야 한다. 아르키메데스는 이 결론을 알고 있었다.

제논의 역설에서도 마찬가지다. 어느 시점에서 아킬레우스가 거북이를 따라잡는다는 현실적 경험을 수학으로 옮겨와 생각해 보자. 거북이를 따라잡게 되는 지점까지 아킬레우스가 스쳐 지나가야 할 점은 무한히 많다. 하지만 거북이는 곧 따라잡힌다. 무한히 많은 지점을 지나치더라도 그 거리는 유한이기 때문이다.

다만 그들은 그런 결론을 이끌어 내고 증명할 만한 수학을 갖지 못했다. 이 지식을 생산해 낸 이들이 근대인이었다.

무한을 다루게 된 시점이 르네상스를 거쳐 근대로 접어드는 시기와 맞물린다는 건 매우 인상적이다. 르네상스는 인간을 다시 보며 인간에 대한 자신감을 갖기 시작한 시기다. 신과 인간 사이에 다리가 놓이며 그 거리는 좁혀지기 시작했다. 무한과 유한이 연결될 수 있다는 사고가 싹텄다. 무한이 유한이 되고 유한은 다시 무한이 되는 것이다. 바로 그 시기에 무한급수에 관한 수학적 성과도 쏟아져 나왔다. 무한을 다룬 기술, 그것은 프로메테우스의 불과 같았다. 무한급수의 불은 무한의 어둠을 밝히며 유한한 인간의 영역을 확장시켰다. 《프랑켄슈타인》의 부제가 '근대의 프로메테우스'였다는 건 의미심장하다.

무한을 손에 쥔 인간은 그 무기를 활용해 갔다. 무한은 오롯이 근대인의 성과물이었다. 다른 분야는 고대 그리스의 그늘 아래 있었으나 무한만은 예외였다. 고대인들의 수학을 완전히 벗어나 있었다. 무한의 힘으로 근대인들은 고대 그리스 인들이 상상도 못한 일을 벌여 나갔다. 그리스 기하학이 풀지 못했던 문제를 말끔히 해결했다.

고대 그리스 인들의 수학은 뛰어났으나 한계가 있었다. 그들의 기하학은 자와 컴퍼스, 즉 직선과 원을 대상으로 했다. 또한 그들은 변화를 다루지 않았다. 이데아라는 완전하고 변하지 않는 세계를 모델로 한 플라톤 철학이 그리스 수학의 바탕이었다. 유클리드 기하학은 플라톤 철학을 기하학적으로 표현한 것에 불과했다. 도형마저도 완성된 상태를 다뤘다. 이 점은 중세의 종교적 세계관과도 맞아떨어졌다. 종교 역시 완전한 존재인 신을 다루기 때문이다.

근대 과학은 주로 변화를 다뤘다. 어떤 요인에 의해 어떤 변화가 발생하는지에 관심을 가졌다. 대상의 운동 결과뿐만 아니라 운동 과정 자체도 관심의 대상이었다. 처음과 끝의 평균 속도뿐 아니라 운동 도중의 순간 속도도 필요로 했다.

모양에 있어서는 포물선과 타원, 쌍곡선이 새롭게 등장했다. 갈릴레이는 포탄의 이동 경로를 분석하면서 포물선 운동을 주장했다. 케플러는 행성의 궤도가 원이 아닌 타원 모양이라고 했다. 이러한 변화를 고대 수학은 감당할 수 없었다.

새로 등장한 문제는 무한을 통해 해결됐다. 순간 속도는 미분을 통해, 타원의 넓이는 적분을 통해서다. 미분은 변화하는 두 시점을 거의 0이 될 정도로 무한히 좁혀 순간 속도를 알아냈다. 적분은 도형을 무한히 쪼갠 뒤 그 부분을 무한히 더함으로써 넓이를 구했다. 모두 무한이란 개념이 들어가 있다.

무한을 통해 근대 과학은 관심을 가지는 모든 대상과 순간에게로 그 영역을 맘껏 넓혀 갔다. 어떠한 시공간도 문제될 게 없었다. 관심을 갖는 곳이 어디든 수학적으로 접근이 가능했다. 프랑켄슈타인의 꿈도 무한이라는 수학적 성과 위에서 펼쳐졌다.

성공한 생명, 실패한 생명체

프랑켄슈타인이 만들어 낸 생명은 실패작이었다. 창조자인 프랑켄슈타인마저도 애정을 주지 못하고 멀리할 정도로 흉측했다. 사람만큼이나 멋진 생명을 창조해 냈다면 재미난 이야기를 이어갈 수 있었을 텐데, 이야기는 비극으로 치닫는다. 이런 내용은 당대의 또 다른 시대 정신이 반영된 결과다. 당시에는 이성에 대한 인간의 확신만큼이나 걱정과 두려움 또한 일어나고 있었다. 하늘 높은 줄 모르고 날아오르다 추락해 버린 이카로스가 될 수 있다는 염려도 퍼져 갔다.

이성에 대한 불안의 징후는 수학에서도 이미 드러났다. 그 징후는 무한의 기적을 가능케 했던 미분과 적분 자체에 있었다. 미분과 적분은 등장 이후 수학과 과학의 곳곳에 활용됐다. 응용되는 족족 미분과 적분은 능력을 발휘했고, 풀지 못한 문제가 없었다. 미분과 적분이 내놓은 답은 현실적으로도 들어맞았다. 하지만 미분과 적분은 기본 개념이 명확하지 않았다. 현실 응용과 상관없이 이건 엄청난 문제였다. 수학은 엄밀성을 기반으로 한다. 모든 건 정확하고 분명해야 한다. 기본 개념이 불명확하면 그 개념을 기반으로 한 수학은 거들떠볼 필요가 없다. 적어도 수학의 세계에서만큼은 그렇다. 과학에서는 가능할지라도 수학에서는 불가능하다.

함수 f(x)의 미분 f'(x)는 오른쪽의 과정과 같이 구한다. Δx는 무한소라고 하는데, 0은 아니지만 0이라고 할 수 있을 정도로 아주 작은 양을 말한다. 이 식을 이용해 y=x²의 미분 f'(x)를 구하면 답은 2x이다.

$$f(x) = \lim_{\Delta x \to 0} \frac{f(x + \Delta x) - f(x)}{(x + \Delta x) - x}$$

$$y = x^2 \text{의 } f'(x)$$

이 답이 나오기까지의 과정을 보면 Δx는 0이 아니므로 2x · Δx/Δx는 2x가 됐다. Δx가 0이 아니므로 나누는 게 가능하기 때문이다. 그런데 마지막에 가서 Δx에 대한 대우가 달라진다. 2x+Δx에서 Δx를 제거해 버리는 것이

$$f'(x) = \lim_{\Delta x \to 0} \frac{(x + \Delta x)^2 - x^2}{(x + \Delta x) - x}$$

$$= \lim_{\Delta x \to 0} \frac{x^2 + 2 \cdot x \cdot \Delta x + (\Delta x)^2 - x^2}{\Delta x}$$

$$= \lim_{\Delta x \to 0} \frac{2x \cdot \Delta x + (\Delta x)^2}{\Delta x}$$

$$= \lim_{\Delta x \to 0} (2x + \Delta x)$$

$$= 2x$$

| y=x²의 미분 f'(x)를 구하는 과정 |

다. 0과 다름없다는 이유에서다. 어느 부분에서는 0이 아니라며 나누기를 해 놓고서, 어느 부분에 가서는 거의 0이라 볼 수 있다며 없애버리다니! 필요할 때마다 입장이 달라지는 이중적 태도다. 이건 모순이었다. 결국 미분에서는 무한히 작지만 결코 0이 아닌 Δx가 문제였다.

반면 적분에서는 무한급수가 문제가 됐다. 문제의 내용은 어떻게 더하느냐에 따라서 그 결과가 달라져버린다는 것이다. 아래와 같은 식 S가 있다.

$$S=1-1+1-1+1-1+\cdots\cdots$$

S는 다음처럼 세 개의 결과를 만들어낼 수 있다.

$$S=(1-1)+(1-1)+(1-1)+\cdots\cdots =0$$
$$S=1+(-1+1)+(-1+1)+(-1+1)+\cdots\cdots =1$$
$$S=1-1+1-1+1-1+\ \cdots\cdots\ =1-(1-1+1-1+\cdots\cdots) = 1-S \Rightarrow 2S=1 \Rightarrow S=1/2$$

문제는 동일하다. 문제에 답이 존재한다면 수학에서 답은 하나여야 한다. 그런데 위의 식에서 S는 0, 1 또는 1/2이다. 어떻게 묶느냐에 따라서 결과가 달라졌다. 셋 다 답인 걸까? 아니면 셋 중 하나만 답인 걸까? 하나만 답이라면 어떤 게 진짜 답인 걸까?

무한소나 무한급수는 미분과 적분의 기본 토대다. 그러나 이 토대는 언급했듯이 엄밀하지가 않다. 이 문제점은 18세기부터 이미 제기

되어 왔다. 수학의 엄밀성을 강조하던 집단에서는 이 문제가 심각하다며 문제 해결을 촉구했다. 그러지 않는 한 무한의 무분별한 응용이 가져올 파국은 짐작할 수 없었다.

수학의 허술한 토대를 문제 삼은 건 《프랑켄슈타인》이 출간되던 19세기 초반 이전에 일어났다. 한편에서는 미분·적분에 대한 확신이, 다른 편에서는 심각한 의문이 일어났다. 인간의 이성이나 문명에 대해서도 동일했다. 확신만큼 미래에 대한 불안 역시 존재했다. 프랑켄슈타인이 만들어 낸 괴물은 불안했던 이성과 불완전했던 수학이 만든 셈이다.

13

백설 공주의 난쟁이는
왜 일곱 명일까?

•

《백설 공주》
독일의 언어학자이자 작가인 그림 형제가 1812년 발표한
《어린이와 가정을 위한 동화집》에 수록된 이야기.
북유럽의 구전 동화였다가 그림 형제에 의해 오늘날과 같은 형태로 정리되었다.

난쟁이는 왜 7명일까?

"거울아, 벽에 걸린 거울아, 온 나라에서 누가 제일 예쁘니?"

참 인상적인 장면이었다. 이 질문 하나 때문에 아름다운 마녀는 질투의 화신이 되고, 백설 공주와의 쫓고 쫓기는 숨 가쁜 이야기가 전개된다. 만화 영화인 줄로 알았던 이 이야기가 동화였다는 걸 처음 알았을 때 많이 놀랐다. 하얀 것은 선이고 검은 것은 악이라고 보는 고정 관념이 밑바탕에 깔려 있다는 비판을 접했을 때는 더욱 놀랐다. 동화 한 편에 그렇게 뿌리 깊은 고정 관념이 자리 잡혀 있다니!

1937년이라는 비교적 이른 시기에 디즈니에서 제작된 〈백설 공주와 일곱 난쟁이〉 애니메이션은 독일의 그림(Grimm) 형제가 쓴 동화를 바탕으로 했다. 이야기가 그랬듯이 애니메이션도 재미와 감동을 위해 원작을 각색했다. 1812년에 처음 나온 그림 형제의 동화집은 1857년에 최종판으로 출간되었고, 제목도 《백설 공주》에서 《백설 공주와 일곱 난쟁이》로 바뀌었다.

그림 형제는 동화를 창작한 것이 아니라 수집해서 각색하였다. 주변 사람들로부터 직접 듣기도 하고, 도서관에서 찾아보기도 했으며, 다른 지방 사람들이 보내 준 이야기를 모으기도 했다. 《백설 공주》역시 유럽 여러 지역에 퍼져 있던 민담을 바탕으로 재탄생되었다. 원래는 잔인한 이야기였다, 성적(性的)으로 부도덕한 이야기였다 혹은 계모가 아니라 친모였다 하는 잡다한 말들이 흘러나오게 된 이유다.

그런데 《백설 공주》에 등장하는 난쟁이는 왜 일곱 명일까? 일곱 명의 난쟁이라는 설정은 우연일까 아니면 의도적일까? 수학으로 세상을 바라보면서 새롭게 던져 본 질문이었다. 보여 주던 대로 보고 들려주던 대로 듣다가 그냥 툭 던져진 것이었는데, 찾아볼수록 일곱 명이라는 설정이 우연이 아닌 것 같아 새삼 놀랐다. 이전의 민담을 바탕으로 했다고 하니, '일곱' 명의 난쟁이에 의도가 있을 거라는 확신이 더 들었다. 왜냐하면 구전되어 온 민담은 문화적 코드를 품고 있기 때문이다. 처음부터 난쟁이가 일곱 명이었는지 알 수는 없지만, 일곱 명이라는 설정이 사람들에게 가장 공감을 불러일으켰기 때문에 여태껏 살아남은 게 확실하다. 게다가 옛 사람들은 수에 의미를 부여하여 사용하는 관습이 있지 않았던가. 그림 형제의 원작을 바탕으로 확인해 보자.

《백설 공주》 이야기에는 7과 관련된 설정이 많다. 왕비의 위협으로부터 도망친 공주는 집을 하나 발견해 들어갔다. 거기에는 작은 접시 일곱 개가 놓여 있었다. 스푼, 나이프, 포크, 컵 그리고 침대도 작은 것으로 일곱 개씩 있었다. 일곱 난쟁이가 살고 있었으니 당연했다. 이후 공주가 살아 있다는 걸 안 왕비는 공주를 죽이기 위해 변장을 하고 직접 찾아가는데, 이때 왕비는 일곱 개의 산을 넘어야 했다. 그리고 백설 공주를 죽이려는 시도가 번번이 실패하자 왕비는 일곱 개의 산을 일곱 번 넘나들어야 했다. 공주를 둘러싸고 7이라는 설정이 이렇듯 반복된다.

7이라는 설정은 의도적이었다. 자기 작품을 정성 들여 만들어 본 사람은 안다. 그 안에 쓸모없이 등장하는 건 하나도 없으며, 작은 것 하나하나에도 의미가 담겨 있다는 것을. 소설가가 소설 속 등장인물과 배경을 설정할 때도 치밀한 구성을 바탕으로 주제를 가장 잘 드러낼 수 있는 배경을 설정하게 된다. 고로 백설 공주와 7이라는 설정은 최적화된 결과였다. 백설 공주의 이미지와 최상의 조합을 이루는 찰떡궁합이기 때문이다.

우리 주위에는 7과 관련된 것들이 꽤 있다. 일주일은 7일이고, 무지개의 색도 7가지이며, 《성서》에서 천지 창조를 하는 데 걸린 시간이 7일이고, 카지노에서 대박을 터뜨려 주는 것도 777이다. 악보도 7음계이고, 자유의 여신상이 쓰고 있는 관도 7개의 빛 모양이며, 주위에 있는 탑도 7층탑이 많다. 북두칠성도 7개의 별을 묶은 별자리이고, 불가사의를 얘기할 때 우리는 보통 7대 불가사의라고 말한다. 찾아볼수록 7과 관련된 현상이 많다.

특정 현상이 7과 연결된 게 우연이 아니라는 걸 보여 주는 일화가 있다. 무지개를 빨주노초파남보 일곱 가지 색으로 분류한 사람은 뉴턴이다. 그는 프리즘을 통해서 빛의 스펙트럼을 관찰한 뒤 그렇게 분류했다. 사실 빛의 스펙트럼이 위에서 말한 대로 일곱 가지 색으로 분명하게 구분되는 건 아니다. 하지만 뉴턴은 일부러 일곱 가지로 분류했고, 그러기 위해 실제로 잘 보이지 않는 남색을 추가했다고 한다. 7을 고집한 것이다.

7에 대한 특별한 대접은 메소포타미아 인들로부터 시작됐다. 7을 그렇게 만든 요인 중 하나는 태양계 행성의 수가 그 당시 7개였다는 사실이다. 수성, 금성, 화성, 목성, 토성 그리고 태양과 달. 7이 신비스러울 수밖에 없었다. 그래서 그들은 일주일을 7일로 나누기 시작했다. 그들의 제단인 지구라트(Ziggurat)[26] 역시 7층으로 만들었다.

메소포타미아 문명은 고대 이집트보다 시기적으로 더 앞섰다. 이 문명은 서양 문명의 두 줄기라고 일컬어지는 그리스 문화와 유대 문화에 많은 영향을 미쳤다. 유대 인들은 이 문명의 핵심지인 바빌론에 끌려가 거기서 성경을 기록했다. 《성서》는 메소포타미아 문명의 영향을 많이 받았다. 바빌론으로부터 《성서》를 거치면서 7에는 특별한 의미가 부여됐다. 그 의미는 후대에 그대로 전승되어 적절한 이야기나 현상에 결합되었는데,《백설 공주》도 그중 하나였다.

....
26 고대 바빌로니아와 아시리아 유적에서 발견되는 성탑(聖塔). 둘레에 네모반듯한 계단이 있는 피라미드 모양의 구조물로 신과 지상을 연결하기 위해 만든 것으로 보인다.

7에 대한 특별한 대접도 그들로부터 배웠다. 《성서》기록자들은 숫자 7을 곳곳에 사용했다. 하느님은 6일 동안 천지를 창조하시고 하루는 휴식하여 7일을 채우셨다. 여리고성(城)을 무너뜨린 여호수아라는 장군은 그 성을 일곱 바퀴 돌고 나서 일곱 명의 나팔수에게 나팔을 불게 했다. 이외에도 7은 많이 등장한다. 그리스 인들은 메소포타미아 문명을 여행하며 많은 것을 보고 배웠다. 피타고라스의 수학도 메소포타미아 수학을 많이 닮아 있었다. 7의 의미나 해석도 고스란히 이어졌다. 아폴론이 사용했다는 악기 리라도 7줄로 이루어져 있고, 피타고라스가 이론적으로 정비한 음계 또한 7음계이다.

7은 고대로부터 신비의 수, 행운의 수, 성스러운 수로 여겨졌다. 이런 점을 고려한다면 무지개나 불가사의, 카지노의 대박, 천지창조와 같은 일에 7이 연결된 게 자연스러워 보인다. 불가사의는 신비하고, 카지노의 대박은 행운을 뜻하고, 천지 창조는 성스럽다. 그렇기에 7과 연결시키면 딱 어울린다.

백설 공주를 둘러싼 난쟁이가 일곱 명인 것도 최상의 설정이다. 하얀 피부에 빨간 입술, 거기에 착한 마음씨까지 지닌 백설 공주는 신비하고 성스러운 처녀의 대표적인 인물이다. 마녀가 잡아 없애려고 하지만 그녀는 마녀의 손아귀를 신비롭게 빠져나가 난쟁이를 만나는 행운을 잡고 살아남았다. 그러니 난쟁이는 더도 말고 덜도 말고 딱 일곱 명이 되어야 한다.

홀로 존재하는 숫자 7

7은 1부터 10까지의 수 중에서 굉장히 독특한 수다. 다른 수가 지니지 않은 유일무이한 성질을 많이 지녔다. 7은 모든 수의 아버지 격인 1을 제외하고는 어떤 수와도 연결되지 않는다. 약수와 배수를 따져 보라. 2, 4, 6, 8, 10은 2의 배수이고 3, 6, 9는 3의 배수, 5와 10은 5의 배수로 서로 연결된다. 오직 7만이 그 어떤 수와도 연결되지 않은 채 홀로 존재한다.

7의 특이한 점은 도형의 영역에서도 나타난다. 정다각형의 중심각과 내각의 크기를 살펴보자. 정n각형의 경우 중심각은 360°를 n으로 나누면 구할 수 있다. 내각은 내각 전체의 합을 구한 후 n

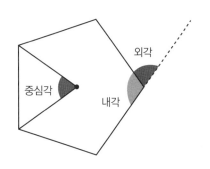

| 정다각형과 다양한 각 |

으로 나눠 주면 된다. 내각 전체의 합은 정n각형이 몇 개의 삼각형으로 쪼개지는지를 파악하여 구한다. 정n각형은 (n-2)개의 정삼각형으로 나눠지므로 내각 전체의 합은 (n-2)×180°가 되며, 정n각형의 내각은 (n-2)×180°÷n이 된다. 정오각형의 경우 중심각은 360÷5=72°, 내각의 크기는 (5-2)×180°÷5=108°이다. 정삼각형부터 정십각형까지의 중심각과 내각은 다음과 같다.

	정삼각형	정사각형	정오각형	정육각형	정칠각형	정팔각형	정구각형	정십각형
중심각 (°)	120	90	72	60	51.4285⋯	45	40	36
내각 (°)	60	90	108	120	128.5714⋯	135	140	144

정칠각형을 제외한 모든 정다각형의 중심각과 내각은 정수이다. 오직 정칠각형만 나누어떨어지지 않는다. 소수점 이하까지 내려가더라도 무한히 끝나지 않는다. 그 정확한 크기를 모른다. 무한히 다가갈 수는 있지만 완전히 닿을 수는 없다. 잡힐 듯 잡히지 않는 신비함과 오묘함을 간직한 도형이다.

정다각형을 실제로 작도해 봐도 정칠각형은 유난히 튄다. 정삼각형에서 정십각형에 이르기까지, 자와 컴퍼스로 작도할 수 없는 유일한 도형이 정칠각형과 정구각형이다. 비슷하게 작도할 수는 있지만 완벽한 정칠각형 작도는 불가능하다. 각의 크기도 모르고 모양도 정확히 그릴 수 없다.

7의 오묘한 특성은 일찌감치 감지됐다. 고대 메소포타미아 인들의 수학 수준은 상당히 높았다. 그들은 계산을 빨리하기 위해 여러 가지 표를 만들어 계산 과정에 활용했다. 오늘날의 구구단과 같은 표였다. 그들은 제곱표와 세제곱표 같은 것은 물론이고 n^3+n^2이나 제곱근표와 같은 복잡한 표도 만들었다. 그만큼 다양하고 복잡한 계산을 다뤘다는 뜻이다. 그중에는 어떤 수 n의 역수 1/n의 소수 값을 나타내는 역수표도 있었다. 예를 들어 2라면 1/2=0.5, 5라면 1/5=0.2와 같은 표였다. 그런데 역수표를 보면 2부터 10까지의 수 가운데 빠져 있는 수가 하나 있다. 바로 7이다. 그들은 1/7의 소수를 생략했다. 모르고 빠뜨린 것이 아니라면 어떤 이유에서건 그들에게 7은 특별한 수였음에 틀림없다. 하지만 진짜 이유는 그들이 1/7의 소수 값을 나타낼 수 없어서였다. 10진법이 아닌 60진법을 사용했던 그들의 체계에서도 1/7은 끝없이 이어지는 무한소수였기 때문이다. 1/7을 어떻게 처리할까 고민하다가 그들은 의도적으로 그 수를 빼 버렸다. 정확하지 않을 바에야 빼는 게 낫다고 생각한 것이다. 오래 전부터 7은 이렇듯 독특한 대접을 받았다.

7에 대한 정수론적 연구도 병행됐다. 7은 연결과 단절의 수다. 1부터 10까지의 수는 7을 기준으로 해서 두 그룹으로 나뉜다. 1부터 6 그리고 8부터 10까지의 그룹. 각 그룹의 수를 모두 곱해 보라. 그러면 그 곱의 결과가 같다는 것을 알 수 있다.

$$1×2×3×4×5×6 = 8×9×10 = 720$$

7은 1부터 10까지의 수를 단절시키며 중심의 위치에 있다. 7을 대입해서 곱해도 그 값은 여전히 같다는 것을 알 수 있다.

$$1×2×3×4×5×6×7 = 7×8×9×10 = 5,040$$

7로 말미암아 수들은 다시 이어진다. 7은 열 개의 수를 단절하는 동시에 다시 연결한다.

단절과 연결은 백설 공주와 일곱 난쟁이의 설정에 절묘하게 맞아떨어진다. 난쟁이의 집은 공주를 마녀의 공격으로부터 단절시켜 준다. 그곳은 공주에게 있어 피난처이자 새로운 탈바꿈의 장소이다. 마법처럼 신기한 곳에서 공주는 공주로서의 순결함과 아름다움을 유지해 간다. 그러니 7이 사용될 수밖에 없었다.

《백설 공주》가 만들어지던 처음부터 난쟁이가 일곱 명이었는지는 알 수 없다. 아니었을 수도 있다. 전체적인 스토리가 우선적으로 나오고, 그다음 스토리에 맞도록 세부적인 인물과 배경이 하나씩 다듬어졌을 것이다. 이 과정 어디에선가 7이 결합했으리라.

7에 대한 수학적인 분석은 7의 의미를 더욱 강화시켜 주었다. 수학은 자연 현상만으로는 가지기 힘든 확신을 7에게 제공했다. 자연 현상은 우연일 수도 있고 사라질 수도 있다. 하지만 수학 이론은 영원하고 변치 않는다. 수학에 의해 증명이라도 된 것처럼 7은 순수하고 신비로운 수로서의 입지를 굳건히 지켜 왔다.

14

앨리스는 이상한 나라에
다녀오지 않았다

●

《이상한 나라의 앨리스》
영국 작가 루이스 캐럴이 1865년에 발표한 동화.
앨리스라는 소녀가 꿈속에서 토끼 굴로 떨어져 이상한 나라를 여행하게 되는
이야기이다. 전 세계적인 사랑을 받는 베스트셀러 동화이며,
속편으로 《거울 나라의 앨리스》가 있다.

마음대로 변하는 키

그림도 없는 책을 보며 심심해 하던 소녀 앨리스. 그녀는 늦어 버렸다고 말하며 부랴부랴 뛰어가는 이상한 토끼를 본다. 그러더니 토끼는 양복 조끼 주머니에서 시계를 꺼내 들여다본다. 이상할 법한 장면이지만 소녀는 토끼를 따라간다. 그리고 토끼 굴을 통해 현실에서는 있을 수 없는 일들이 버젓이 일어나는 이상한 나라로 들어간다.

이상한 나라에서 앨리스가 겪은 첫 번째 경험은 고무줄처럼 늘어났다 줄어드는 키였다. 무얼 먹었다 하면 고무줄처럼 시시각각 키가 변했다. 앨리스는 직감했다. 이 세계에서는 불가능한 일이 없겠구나 하고. 그리고 그 직감은 맞아떨어졌다. 그곳에서 앨리스는 동식물과 이야기하고, 카드와 놀고, 홍학으로 크로켓 경기를 했다.

모양새만 이상한 게 아니었다. 그 세계의 규칙과 질서 또한 이상했다. 그것을 단적으로 보여 주는 건 구구단이다. 새로운 세계에 적응하지 못한 앨리스는 자신을 시험해 볼 목적으로 구구단을 외웠다.

"4×5=12, 4×6=13, 4×7=⋯⋯."

4×5가 20이 아닌 12라니! 20까지는 외울 수도 없겠다며 앨리스는 구구단을 포기하고 이번에는 수도를 외워 봤다.

"파리의 수도는 런던, 로마의 수도는 파리, 로마는⋯⋯."

구구단과 각 나라의 수도마저 현실 세계와 어긋나고 뒤틀려 있었다. 이상한 나라를 창조한 이는 분명 상상력이 뛰어난 사람일 것이다. 번개를 맞은 듯한 요상한 머리, 딴 세계에 몰두해 있는 명한 눈, 어린아이처럼 세상 물정을 하나도 모르는 순진한 사람이라 기대하기 쉽다. 허나 《이상한 나라의 앨리스》를 지은 작가는 가장 합리적이고 냉철한 지성을 소유한 수학자이다. 지은이는 루이스 캐럴(Lewis Carroll), 본명은 찰스 도지슨(Charles L. Dodgson)이다. 그는 옥스퍼드대학교에서 수학을 가르쳤으며, 원숭이 퍼즐[27]로도 유명하다.

| 루이스 캐럴의 원숭이 퍼즐 |

----

27 한쪽에는 원숭이, 다른 한쪽에는 추가 매달려 있어 균형을 이루는 도르래를 의미. '만약 원숭이가 밧줄을 잡고 기어오르기 시작하면 무슨 일이 일어날까?' 하는 것이 원숭이 퍼즐의 핵심이다.

수학은 어렵다. 무겁고 진지하고 지루하다. 그래서 쓸모 있는 게 아니라면 굳이 수학을 더 공부하려 하지 않는다. 계산할 때나 성적을 잘 받아야 할 때 외에는 거들떠보지도 않는다. 영화로 치자면 머리가 복잡해지는 드라마나 교훈적인 다큐멘터리와 같다. 그런데 앨리스 이야기는 코미디, 그것도 외계인이 등장하는 공상 과학 소설이다. 캐럴이 학장의 딸에게 들려주기 위해 일부러 지었다 해도 너무나 비현실적인 판타지다.

《이상한 나라의 앨리스》는 수학자가 지은 이야기인데도 진지하지 않다. 너무 가벼워서 어른들은 몰입하기 힘들 정도다. 이 작품에는 판타지 못지않은 상상력과 코미디에 버금가는 재미가 있다. 그 비결이 수학이라면 믿어질지 모르겠다. 하지만 사실이다. 앨리스가 여행한 이상한 나라는 수학으로 상상해 낸 나라였다. 캐럴은 수학을 통해 이상한 나라의 느낌과 재미를 효과적으로 전달했다. 그는 수학자답게 하고 싶은 이야기를 수학으로 정확히 전달했다. 어긋난 구구단을 통해서 규칙이 다른 세계라는 걸 보여 준 것처럼 말이다.

앨리스는 가짜 거북과 학교와 수업에 관한 이야기를 나누면서 하루에 몇 시간씩 공부하는지 물었다. 그러자 가짜 거북은 첫날은 10시간, 그다음에는 9시간, 그렇게 계속 줄어든다고 답했다. 매일 한 시간씩 줄어드는 이상한 시간표였다. 수업이라는 뜻의 영어 단어 'lesson'을 'lessen(줄어들다)'으로 대체한 유머가 돋보인다. 앨리스는 열한 번째 날은 수업이 없겠다고 한 후 열두 번째 날은 어떻게 되냐고 물었다.

0에서 1이 줄어들면 -1이 되는데, -1시간을 현실에서 나타낼 방법은 없다. 하지만 그곳은 이상한 세계였다. -1시간의 시간표도 가능하지 말란 법은 없다. -1을 통해 캐럴은 현실 세계와 이상한 나라의 차이를 보여 주려고 했다.

배우는 과목도 희한하다. 가짜 거북은 학교 수학 시간에 야망, 주의 산만, 추해지기, 그리고 조롱을 배운다고 했다. 이런 걸 수학 시간에 배우다니 정말 이상한 나라였다. 계산이나 문제 풀이로 빽빽하게 차 있는 현실과는 정말 달랐다. 하지만 현실과 마냥 무관하지는 않다. 작가는 수학 시간에 많이 사용하는 사칙 연산의 단어에서 스펠링을 살짝 바꿔 새로운 과목을 만들어 냈다. 덧셈(addition)으로부터 야망(ambition)을, 뺄셈(subtraction)으로부터 주의 산만(distraction)을, 곱셈(multiplication)으로부터 추해지기(uglification)를, 나눗셈(division)으로부터 조롱(derision)을 유추했다. 말장난인 동시에 무료하고 생동감 없는 수학 시간을 비꼬고 있다.

키가 커지고 작아질 때도 수를 통해 정확하게 나타낸다. 앨리스는 9피트로 커지기도 하고 10인치로 작아지기도 했다. 공작부인은 하루가 24시간이라며 꼬치꼬치 따지는 앨리스에게 숫자는 참을 수 없다고 화를 냈다. 측정과 분석을 통해 뭐든지 정확하고 꼼꼼하게 나타내려는 현실적 태도를 호통치는 듯하다.

캐럴은 수를 통해 이상한 나라의 이상함을 선명하게 드러낸다. 시시각각 변하는 키를 수치로 제시하면서 고정된 현실 세계를 조롱한다. '넌 이런 거 못하지?'라며 놀려대는 듯하다. 또한 모든 걸 수로 표현해 가는 현실이 재미없고 무료하다는 걸 보여 준다. 현실과 이상한 나라의 차이점은 수를 통해 표현된다. 수나 단어가 현실에서는 고정되어 있었지만, 이상한 나라에서는 자유자재로 변한다. 일석이조의 효과다. 한편으로는 현실의 고정된 규칙을, 다른 한편으로는 고정된 규칙을 자유자재로 넘나드는 이상한 규칙을 동시에 실감나게 그려 냈다.

새 시대를 연 리만의 기하학

이상한 나라는 현실과는 다른 세계였다. 작가는 현실 너머의 새로운 세계를 꿈꿨다. 신세계를 동경하고 구체적으로 모색했다. 그런데 이런 시도는 당대의 사회적 분위기와 관련이 있다. 자본주의를 넘어선 다른 세상을 꿈꾸었던 카를 마르크스(Karl Marx)는 1848년에 《공산당 선언》을, 1867년에는 《자본론》 제1권을 세상에 내놓았다. 같은 대상이라도 조건에 따라 그림을 다르게 그렸던 '인상파'의 시작점인 클로드 모네(Claude Monet)의 〈인상, 해돋이〉는 1872년에 등장했다.

자신을 긍정해 주는 철학을 생성하라고 격려했던 니체의 《자라투스트라는 이렇게 말했다》는 1880년대 초반에 발표된 작품이다.

《이상한 나라의 앨리스》가 1865년에 나왔으니 등장 시기가 이들과 얼추 비슷하다. 19세기 중반과 후반은 근대에서 탈근대로 넘어가는 시기였다. 그 변화의 방향은 하나의 세계가 아니라 다양한 세계를 지향하는 것이었다. 이 점에 있어서 《이상한 나라의 앨리스》는 선구자였다. 그러나 탈근대 또는 현대의 문을 연 진정한 선구자는 그보다 앞서 등장한 수학 이론이었다.

1854년 독일 괴팅겐대학교에서 열린 강연 하나가 있었다. 강사는 게오르크 리만(Georg Riemann)이었고 주제는 '기하학의 기초에 관하여'였다. 이 강연은 대학교수 자격 취득을 위한 것이었는데 유명한 수학자인 가우스도 이 강연을 들었다. 이 강연에서 리만은 이전에 있었던 기하학의 논란거리를 말끔히 정리하여, 기하학의 새롭고 무한한 시대를 열었다.

새 시대의 물꼬를 튼 장본인은 비(非)유클리드 기하학이었다. 이 기하학이 뭔지는 이름을 자세히 들여다보면 된다. 비유클리드 기하학은 '유클리드 기하학이 아닌 기하학'이란 뜻으로, 19세기 초 여러 사람에 의해서 발견됐다. 하지만 발견자들도 처음에는 의아해 할 정도로 낯설고 생소했다. 너무 비현실적인 기하학이어서 가우스도 발표하지 않고 숨길 정도였다. 발표되었을 당시 별다른 주목도 받지 못했다. 그래서 이름도 '무엇 무엇이 아닌'이라는 뜻의 접두사 '비'가 붙은 형식이 되었다.

유클리드 기하학과 비유클리드 기하학의 차이는 평행선이 하나인 기하학이냐, 하나가 아닌 기하학이냐에 있다. 직선 l 과 직선 밖의 점 A가 있다. 점 A를 지나면서 l 과 평행인 직선은 몇 개일까?

$\cdot$ A

―――――――――――――――――――

l

책상에 앉아 종이를 놓고 열심히 그려 보라. 평행선은 하나밖에 그릴 수 없다. 기원전 3세기에 유클리드도 평행선은 오직 하나만 그을 수 있다고 《원론》에서 선포하고, 그 가정하에 기하학의 체계를 세웠다. 이 가정을 '평행선 공리'라고 부르는데 이 공리를 바탕으로 한 게 유클리드 기하학이다. 고로 비유클리드 기하학은 평행선이 하나가 아닌, 즉 평행선이 없거나 2개 이상인 기하학이다.

유클리드 기하학은 탄생 이래 유일무이한 기하학으로 자리 잡았다. 그런데 의문을 가져야 할 지점이 있다. 유클리드가 평행선이 하나라고 증명한 게 아니라 선포했다는 사실이다. 따지기 좋아하는 수학자라면 정말 그럴까 하고 문제 삼는 것이 당연하다. 그러나 아무도 그러지 않았다. 현실에서 해 보면 당연하기 때문이다. 오히려 비유클리드 기하학의 출현이 의문스럽다. 그런 기하학을 어떻게 생각해 낸 것일까?

비유클리드 기하학은 19세기를 전후로 해서 등장했다. 이름에서 풍기듯이 비유클리드 기하학은 유클리드 기하학을 부정하다가 만들어졌다. 유클리드가 증명하지 않고 선포해 버린 '평행선은 하나'라는 공리를 부정해 본 것이다. 고대인들은 평행선이 하나라는 것 자체를 의심하지 않았다. 그들이 의심한 것은 이 사실을 증명할 수는 없는가 하는 것이었다. 이를 증명하려는 시도가 이어졌으나 증명에는 결국 실패했다. 실패가 많았던 탓에 이슬람 문명과 근대 서양을 거치면서 색다른 방법이 시도됐다. '평행선이 하나가 아니다'라는 명제가 틀렸다는 걸 증명하려 한 것이다. 유클리드 기하학을 부정하기 위해서가 아니라, 부정을 통해 유클리드 기하학을 긍정하려 했다. 이 증명이 더 쉬워 보였기 때문에 귀류법에 의한 증명을 시도했다.

그런데 공리를 부정한 이 시도는 의도와 전혀 상관없는 결과를 야기했다. 평행선 공리의 부정이 당연히 틀릴 줄 알았는데, 공리를 부정해도 된다는 의외의 결론에 도달한 것이다. 밑도 끝도 없는 주장이 아니라 증명이 되어 버렸다. 증명을 통한 결론이었기에 부인할 수도 없었다. 수학자들은 머뭇거리다가 결국 그대로 발표할 수밖에 없었는데, 그게 바로 비유클리드 기하학이었다.

비유클리드 기하학이란 명칭이 이 기하학을 바라본 사람들의 반응을 짐작케 해 준다. 평행선이 없거나 2개 이상인 기하학이라! 사람들은 그런 걸 경험해 보지 못했다. 증명을 통해 다다른 결론이었기에 인정하기는 했으나, 유클리드 기하학이 아닌 이상한 기하학 정도로만 여겼다. 미운 오리 새끼처럼 전혀 축복받지 못한 탄생이었다.

그렇게 푸대접을 받던 비유클리드 기하학의 지위를 바로잡아 준 게 리만의 강의였다. 리만은 두 기하학 사이에 존재했던 차별을 없애고, 비유클리드 기하학을 유클리드 기하학과는 다른 또 하나의 기하학으로 인정했다. 기하학은 하나에서 여러 개가 됐다. 둘 사이의 차이점은 '어떤 면 위에서의 기하학이냐?'였다. 면에 따라 기하학의 모습이 달라지는 것이다. 유클리드 기하학은 평면 위에서의 기하학이고, 비유클리드 기하학은 평면이 아닌 곡면 위에서의 기하학이었다.

지구 표면과 같은 구면 위에서는 평행선이 몇 개일까? 경도선은 적도와 수직이므로 경도선끼리는 평행한 것처럼 보인다. 그러나 모든 경도선은 남극과 북극에서 만난다. 평행선이 만날 수는 없으므로 경도선은 평행선이 아니다. 구면 위에서 평행선은 존재하지 않는다. 따라서 평행선의 정의가 달라져야 했다. 평면 위에서의 평행은 나란하기만 하면 되지만, 구면 위에서의 평행은 그걸로 부족하다. 나란한 것보다 더 우선인 것은 만나지 않는 거다. 평행선을 무한히 연장해도 만나지 않는 선으로 정의해야 평면과 곡면 모두에서 사용 가능하다.

어떤 면이냐, 어느 정도 휘었느냐에 따라 기하학의 모습은 달라진다. 면이 달라지면 기하학도 달라지므로 기하학의 개수는 무한히 많아진다. 휘어지는 정도 역시 무한하다. 유클리드 기하학도 그중 하나였는데 사람들은 현실의 강력한 힘 때문에 그게 전부인 것으로 착각했다. 하지만 현실과 상관없이 기하학의 세계는 무궁무진하다. 현실과 전혀 다른 요상한 세계는 얼마든지 가능하다. 직접 경험해 보지 못하고 상상만 할 수 있어도 그 세계가 존재한다고 말할 수 있다.

리만의 강의는 기하학의 새 시대를 열었다. 과거의 혼란과 차별을 없애고 공존 가능하면서도 무한한 세계를 창조했다. 이 사건은 근대 이후의 현대가 지향하는 사회의 모습을 수학적으로 보여 준 것이었다. 하나의 세계로부터 다양한 세계를 형성해 가는 시대, 하나의 틀에 자신을 맞추는 게 아니라 자신에게 맞는 틀을 만들어 가는 것, 조건을 초월한 세계가 아닌 조건에 맞는 세계를 구성해 가는 것이 바로 현대 사회다.

리만의 기하학은 현대의 의미가 압축적으로 담겨 있는 수학적 증명이었다. 현대가 시작되기 훨씬 전에 출현한 이 증명이 현대의 선구자였다. 근대를 벗어나려는 탈근대의 분위기도 무르익지 않았던 시절, 수학은 벌써 현대를 예고하면서 구체적인 모습을 보여 줬다. 앞서도 너무 앞서 나아가는 수학이 아닐 수 없다.

틀린 나라가 아니라 다른 나라

캐럴은 수학자이면서도 수학의 한계를 넘어선 상상력을 마음껏 발휘했다. 이런 질주가 가능했던 원동력은 무엇이었을까?

작가 특유의 상상력이 만들어 낸 결과로 볼 수도 있다. 원래 괴짜여서 상상력이 풍부했거나 혹은 학장에게 잘 보이기 위해 상상력을 쥐어짠 것이든지 간에 말이다. 죽을힘을 다해 이야기를 짓다 보니 그런 상상력이 발동한 거였다면,《이상한 나라의 앨리스》는 읽고 나면 허무해지는 삼류 판타지 소설이 됐을 것이다. 학장의 딸을 잠깐 즐겁게 해 줄 수는 있었겠지만 세계인의 사랑을 받는 고전으로 남기는 어려웠으리라. 이 작품의 원동력은 캐럴이라는 한 개인의 역량보다는 사회적 분위기에서 찾아야 한다.

캐럴의 이상한 나라는 현실의 규칙과는 다른 비현실적인 나라다. 현실의 규칙이 유클리드 기하학이라면 이상한 나라의 이상한 규칙은 비유클리드 기하학이었다.《이상한 나라의 앨리스》는 리만의 강의가 열린 지 10여 년 후, 그것도 수학자 캐럴에 의해서 출현했다. 두 사건의 연결 고리는 충분하다.

캐럴은 리만의 강의에 대해 충분히 전해 들을 수 있었다. 직접적이든 간접적이든 그 강의의 의미와 맥락을 접했을 것이다. 흘러듣지 않았다면 그는 깊은 충격과 감동을 받았을 테다. 수학자였기에 그 사건의 의미를 누구보다 잘 이해했을 테니까 말이다. 더군다나 그는《유클리드와 현대의 경쟁자들》이라는 책을 쓸 정도로 유클리드에 관심을 갖고 있었다. 설령 리만의 강의를 몰랐더라도 시대는 서서히 새로운 세계를 모색하고 있었다. 영감의 원천은 넘쳐 났다. 그는 수학자로서 수학을 소재로 한 새로운 세계를 그려 보고 싶었다.

그는 수학자이기에 수학을 넘어선 세상을 잘 그렸다. 얼핏 모순적으로 들리지만 모순이 아니다. 캐럴이 수학의 세계에만 속해 있는 수학자였다면 그의 이야기는 여느 수학처럼 쓸모는 있지만 무료하고 심심했을 것이다. 하지만 그가 당대 수학의 테두리를 넘어서려 했다면 이야기는 달라진다. 그는 수학의 한계를 알았기에 수학의 한계 너머도 잘 알 수 있었다. 밤을 아는 자가 낮을 더 잘 아는 이치와 같다.

우리는《이상한 나라의 앨리스》를 조금 더 꼼꼼하게 읽어 볼 필요가 있다. 이 작품은 방향성 없이 전개되는 판타지 같지만 사실 정교하고 세심하게 고안된 이야기이다. 자유롭고 신비한 세상을 꼼꼼하고 치밀한 손길로 그려 나간 르네 마그리트(René Magritte)의 그림과 같다. 마그리트가 초현실적인 이미지를 이성적으로 그려 냈듯이, 캐럴은 비현실적인 세계를 수학적인 감각으로 창조했다. 이상하고 틀린 것 같지만, 규칙이 다른 것이지 틀린 게 아니다.

앨리스가 외웠던 이상한 구구단을 다시 보자. 앨리스는 '4×5=12, 4×6=13'이라고 했다. 섣부르게 틀렸다고 결론짓지 말고 뭔가 다른 규칙이 있는 건 아닌지 살펴봐야 한다. '4×5=20'이다. 하지만 늘 그런 건 아니다. 20이란 표현이 유일하고 보편적인 것 같지만 그렇지 않다. 20은 10진법이라는 조건에서 맞는 모습일 뿐이다.

20을 10진법이 아닌 다른 진법으로 표현해 보자. 18진법의 자릿값은 십진법의 표현으로 1, 18, 18^2, ⋯ 이다. 20을 나타내려면 18의 자리 하나와 1의 자리 둘이면 된다. 10진법의 20은 18진법으로 12가 된다. 고로 '4×5=12'라는 표현이 틀린 게 아니었다. 10진법을 기준으로 보면 틀렸지만 18진법을 기준으로 하면 맞았다.

'4×6=13'이란 표현도 달리 보면 그 비밀을 풀 수 있다. 4×6은 10진법으로 24인데, 21진법으로 표현하면 13이다. 이런 식으로 달리 보면 이상한 구구단에 일정한 규칙이 있다는 걸 알게 된다. 4×5 이후의 곱셈은 18진법에서 3진법씩 증가시켜 표현하는 것이다!

4×5=20---18진법으로 12

4×6=24---21진법으로 13

4×7=28---24진법으로 14

4×8=32---27진법으로 15

⋮

4×12=48---39진법으로 19

4×13=52---42진법으로 20?

수학자다운 수준 높은 규칙이다. 진법을 모르면 이해할 수 없다. 현실 세계는 오직 10진법만으로 수를 나타낸다. 하나의 규칙이 모든 곳을 지배한다. 하지만 이상한 나라는 여러 진법이 하나의 세계에 섞여 있다. 다양한 세계가 공존하는 것이다.

구구단을 20까지 할 수 없다는 말의 의미를 이해해 보자. 19 다음의 수는 4×13=52이다. 이를 42진법으로 표시해야 한다. 42진법에서 자릿값은 맨 뒤가 1, 그 앞이 42이다. 고로 52의 크기는 42의 자리가 1, 1의 자리가 10이므로 그냥 쓴다면 110이 되어 버린다. 그런데 110의 표현은 세 개의 자릿수를 나타내는 것으로 오해를 받기 쉽다. 10의 크기를 하나의 숫자로 표현해야 하는데, 10진법에서 10의 크기를 하나의 숫자로 나타내지는 못한다. 그래서 20까지 할 수는 없다.

10진법에만 익숙한 사람에게 이상한 나라의 이상한 구구단은 어렵다. 어렵기에 틀렸다고 결론을 내리기가 쉽다. 정물화에 익숙한 사람이 추상적인 현대화를 감상하며 그림 같지도 않다고 평가하는 것과 마찬가지다. 이상한 나라는 규칙이 다른 세계일 뿐 틀린 세계는 아니다. 틀렸다고 부정해서도 안 되고 그럴 필요도 없다. 나에게 익숙하지 않은 규칙이 적용되고 있는 다른 세계로 여겨야 한다. 그곳에서 자리를 잡고 살 게 아니라면 여행하는 기분으로 둘러보자. 평상시 경험하지 못했던 감각과 정신이 깨어나는 유쾌함을 맛보게 될 것이다.

15

십육각형 때문에
국가 반란죄로 체포되다

•

《플랫랜드》
영국의 신학자이자 교육자였던 에드윈 애보트가 1884년에 발표한 소설.
2차원 세계의 기하학적 개념을 다룬 독특한 작품인 동시에,
당시 영국의 계급 제도를 신랄하게 풍자한 작품이다. 우리나라에는 《플랫랜드》와
《이상한 나라의 사각형》이라는 두 가지 제목으로 번역되어 출간되었다.

평면의 나라

이상한 나라 여행 전문가인 앨리스도 가 보지 못한 이상한 나라가 있다. 들어 본 적은 있지만 우리 누구도 가 보지 못한 나라다. 앞으로도 그곳을 여행하고 돌아올 사람은 없을 것이다. 그곳은 공간적으로 다른 세계라는 수준을 넘어 차원 자체가 다른 나라, 2차원 세계 '플랫랜드(평면나라)'다.

《플랫랜드》는 평면나라의 한 사람이 3차원 사람들에게 그 나라에서 있었던 일을 얘기해 주는 작품으로, 1884년 영국의 에드윈 애보트(Edwin Abbott)가 지었다. 수학 소설이자 최초의 공상 과학 소설이며 알 만한 사람은 다 아는 판타지의 고전이기도 하다. 이 소설은 기하학을 통해 신분제 사회를 비판하고 수학이 얼마나 불온하고 혁명적일 수 있는지를 잘 보여 준다. 추상적인 수학이지만 철저히 현실적이다.

주인공은 '정사각형(a square)'이란 이름의 수학자다. 그를 지칭하는 구체적인 이름은 없다. 편의상 그를 '미스터 스퀘어'라고 부르자. 그는 '국가 반란죄'라는 죄명으로 7년 동안 감옥에 갇혀 있다. 그는 매우 위험한 사상을 지니고 있고 그것을 유포하려다 붙잡혔기 때문에 외부 활동을 전혀 못하고 있다. 그는 수학을 잘한 탓에 감시와 통제의 대상이 되어 버렸다. 답답해 하던 그는 자신마저도 자신의 사상을 잊어버릴 것 같은 불안감에 휩싸였다. 그래서 잊어버리기 전에 과거의 일을 기록하기 시작하는데 그게 바로 이 작품이다.

이상하게도 미스터 스퀘어는 평면나라 사람들이 아닌 우리들, 다시 말해 3차원 사람들에게 글을 썼다. 억울한 게 있다면 그 나라 사람들에게 호소하는 게 맞을 텐데도 우리에게 호소한다. 도와 달라고!

그는 평면나라 사람들의 도움을 포기한 상태였다. 그 나라 사람들은 그를 이해하지 못했기에 도움을 기대하는 건 불가능했다.

미스터 스퀘어는 도형 하나를 찾고 있었다. 이것 때문에 그는 국가 반란죄라는 누명을 쓰고 체포되었다. 이 도형을 찾아서 그 나라 사람들에

| 《플랫랜드》의 표지 |

게 보여 준다면 모든 문제는 싹 해결될 수 있다. 그가 어떤 도형을 찾는지 들어나 보자. 2차원 사람이 생각한 도형을 3차원에 사는 우리가 알지 못하랴!

열여섯 개의 꼭짓점과 여덟 개의 정육면체로 둘러싸인 도형, 이게 미스터 스퀘어가 찾는 도형이다. 열여섯 개의 꼭짓점이면 십육각형을 말하는 것일까? 아니다. 십육각형이면 평면 도형이기에 입체인 정육면체를 포함할 수 없다. 그럼 꼭짓점이 열여섯 개인 다면체를 말하나? 그것도 아니다. 그가 찾는 도형은 다면체처럼 면으로 둘러싸인 게 아니다. 그는 정육면체로 둘러싸여 있으면서 꼭짓점이 열여섯 개인 도형을 찾고 있다. 무슨 도형인지 감이 안 잡힌다.

그는 입체를 찾는 게 아니라 입체로 둘러싸인 도형을 찾고 있다. 이 도형은 3차원에 사는 우리에게도 낯설다. 상상으로도, 말로도, 그림으로도 표현이 안 된다. 그가 뭔가를 착각한 게 아닐까 싶지만 그렇지 않다. 그는 정확하게 그런 도형을 찾고 있다. 2차원 사람이라고 가볍게 볼 수준이 아니다. 우리 입장에서 봐도 대단한 사람이다. 그가 이런 도형을 어떻게 생각하게 된 건지, 이게 국가 반란죄와 무슨 관련이 있는지 속사정을 알아보자.

2차원에서 살아가던 미스터 스퀘어는 3차원의 구(球)를 만나게 된다. 정확히는 구가 그를 찾아왔다. 새로운 천년이 시작되자 평면나라의 무지를 일깨우러 구가 찾아온 것이다. 미스터 스퀘어는 똑똑한 수학자였지만 평면나라의 주민이었기에 처음에는 구의 말을 이해하지 못했다. 특히 위라는 개념을 상상하지도 못했다. 자꾸 북쪽으로 이해할 뿐이었다. 그러자 구는 스퀘어를 데리고 평면나라를 벗어나 공간으로 가 버렸다. 말로는 전달이 안 되니 직접 보여 준 것이다. 눈으로 직접 본 이후에야 비로소 그는 3차원의 개념을 받아들였다.

3차원을 이해한 후 미스터 스퀘어는 수학자로서의 똑똑한 사고 능력을 발휘했다. 3차원을 보여 주러 온 구에게 4차원과 5차원 이상의 세계를 이야기하며 그걸 보여 달라고 졸랐다. 물에 빠진 사람을 건져 주니 보따리를 내놓으라는 격이었다. 그때 미스터 스퀘어가 집요하게 요구한 게 그 이상한 도형이었다.

점, 선, 정사각형, 정육면체 등등……. 차원이 높아지면서 보게 되는 기본 도형이다. 먼저 각 도형의 경계를 보자. 어떤 도형에 의해 둘러싸여 있는지 말해 보자. 0차원은 점뿐이므로 둘러싼 도형이 없다. 1차원인 선은 양 끝에 0차원인 점이 두 개 있다. 2차원인 정사각형은 1차원 선 네 개로 둘러싸여 있다. 3차원인 정육면체는 2차원 면 여섯 개로 둘러싸여 있다. 정리하면 일정한 규칙이 보인다.

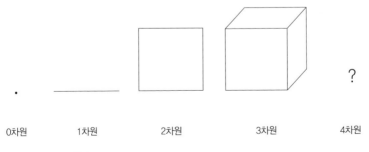

| 0차원 | 1차원 | 2차원 | 3차원 | 4차원 |

| 각 차원별 기본 도형 |

	0차원	1차원	2차원	3차원	4차원
기본모양	점	선	정사각형	정육면체	?
둘러싼 도형	없다	점	선	정사각형	정육면체
둘러싼 도형의 차원	없다	0차원	1차원	2차원	3차원
둘러싼 도형의 개수	0	2	4	6	8
꼭짓점의 개수	1	2	4	8	16

규칙은 이렇다. 둘러싼 도형의 개수는 3차원까지 0, 2, 4, 6으로 2씩 늘어난다. 둘러싼 도형은 그 이전 차원의 도형이다. 즉 n차원 도형은 (n-1)차원 도형이 둘러싸고 있다. 이 규칙대로라면 4차원의 기본 도형은 정육면체 8개로 둘러싸여 있어야 한다.

이번에는 차원에 따른 꼭짓점의 개수를 보자. 0차원에는 점이 하나, 1차원 선은 점이 두 개다. 2차원 정사각형은 점이 네 개이며, 3차원 정육면체는 점이 여덟 개다. 차원이 높아지면서 점의 개수는 1, 2, 4, 8로 두 배씩 증가한다. 고로 4차원 도형은 점이 16개여야 한다.

16개의 점과 8개의 정육면체로 둘러싸인 도형은 이렇게 유추되었다. 이 도형이 4차원의 기본 도형이다. 미스터 스퀘어는 이걸 보고 싶었다. 눈으로 보지 못한다면 머리로라도 그려 보고 싶었다. 차원의 증가에 따른 이 규칙을 미스터 스퀘어가 처음부터 알아낸 건 아니었다. 첫 단추는 구가 끼워 줬다. 3차원을 설명하기 위해 구는 0차원부터 2차원까지의 과정을 설명하며 이 규칙을 제시했다. 미스터 스퀘어는 거기서 멈추지 않았다. 그는 그 규칙을 4차원과 5차원 이상으로 쭉 확대했다.

그런데 4차원의 기본 도형을 생각하려고 하면 어려움에 부딪친다. 정육면체로 둘러싸인 도형을 상상하기가 어렵기 때문이다. 3차원에 익숙한 우리도 마찬가지다. 그래서 미스터 스퀘어는 신적인 존재였던 구를 쫓아다니며 그걸 보여 달라고 졸랐다. 하지만 구 역시 그걸 보여 주지 못했다. 실은 미스터 스퀘어가 묻기 전에는 구 역시 그런 생각을 해 보지 않았다.

결국 미스터 스퀘어는 평면나라에서 위험한 인물이 됐다. 평면나라의 통치 계급인 원에게 특히 그랬다. 원들은 평면나라 이외의 세계는 없고 평면나라의 규칙만이 전부라고 선전하며 주민들을 통치해 왔기 때문에, 3차원 이상의 세계를 환영할 리 없었다. 다른 세계에 관한 지식마저도 허용하지 않았다. 미스터 스퀘어는 사람들에게 3차원을 이해시키려고 시도했으나 완전한 실패로 끝났다. 그가 갈 곳은 감옥뿐이었다.

수학은 자유로운 상상력을 먹고 자란다. 때로는 그 상상력을 통해 이해하기 힘든 희한한 규칙을 만들기도 하고, 현실 세계의 규칙을 정면으로 반박하고 비판하기도 한다. 수학은 자유롭기에 더욱 혁명적이고 비판적이며 불온할 수 있다.

평면 위에서만 일어나는 일들

평면나라는 모든 일이 평면 위에서만 일어나는, 평면이 전부인 나라다. 동서남북은 있지만 머리 위나 발아래가 없다. 하늘 없이 면에 딱 붙어서 생활하는 나라다. 푹 떨어진다거나 위로 휙 날아다니거나 또는 폴짝폴짝 뛰거나 하는 일은 있을 수 없다. 그런 건 상상조차 할 수 없는 곳이다.

평면나라에는 어떤 사람들이 살까? 3차원의 존재처럼 몸이 있는, 수학적으로 말하면 부피가 있는 존재는 그 나라에 들어가지도 못한다. 평면나라에는 직선과 직선으로 둘러싸인 평면 도형이 산다. 삼각형, 사각형, 오각형 같은 도형이 평면나라의 주민들이다. 남자와 여자의 구분도 있다. 여자는 직선이고 남자는 다각형이다. 집도 있는데 집은 보통 오각형이다. 삼각형과 사각형은 집이 없다. 결혼도 하고 자식도 낳는다. 직업, 세금, 갈등, 충돌 등 있을 건 다 있다. 평면나라에도 사회 질서가 있다. 질서의 원리는 매우 간단하다. 도형의 모양이 그 도형의 모든 것을 결정한다. 모양에 따라 사회적인 지위나 신분, 직업, 대우가 달라진다. 좋은 대접을 받는 도형은 변의 길이와 각의 크기가 같은 규칙 도형, 즉 정다각형이다. 법은 언제나 규칙 도형의 편이다. 불규칙 도형은 무시를 받으며 범죄의 온상으로 지목된다.

하지만 정다각형이라고 다 같은 대접을 받는 건 아니다. 변의 개수가 많을수록 신분이 높아진다. 규칙 도형의 밑바닥은 이등변삼각형인데 그들은 군인이나 노동자다. 정삼각형은 중간 계급이고, 정사각형이나 정오각형은 전문직 종사자 혹은 사회적으로 인정받는 남자들이다. 육각형 이후부터는 귀족에 해당한다. 최고의 지위를 누리는 도형은 성직자인 원이다. 원은 일을 하지 않고 사회의 질서를 만들고 사회를 운영한다. 이곳 사람들은 자신의 모양을 다듬는 데에 총력을 기울인다. 더 좋은 도형이 되기 위해 외과적 수술도 동원한다. 변이 많은 규칙 도형이 되기 위해서이다.

결혼하여 아이를 낳으면 변의 개수가 하나씩 늘어난다. 한 세대를 거칠 때마다 변 하나가 증가하는 셈이다. 하지만 인구 조절 시스템에 의해 변이 많은 다각형은 적게 태어난다. 자손의 신분이 부모보다 더 높으므로 이곳에서는 부모가 자식을 존경하고 섬겨야 한다. 변의 길이는 나이를 먹으면서 점점 더 길어진다.

여성은 직선으로 다각형보다도 사회적 신분이 못하다. 집에는 여성을 위한 출입구가 별도로 있고, 여성은 남편이나 아들 심지어는 하인의 뒤를 따라야 한다. 걸어 다닐 때는 여성임을 알아보도록 몸을 움직이거나 웅얼웅얼 거려야 한다. 남자들을 보호하기 위해서다. 그들이 여성이 있다는 것을 모르고 움직이다가 직선에 부딪쳐 상처를 받을 수 있기 때문이다. 여성의 모습이 비참하다 생각되겠지만 걱정할 필요가 없다. 평면나라의 여성들은 지난 일을 기억하는 능력이 없을 뿐만 아니라 어떤 의견이나 판단, 장래에 대한 생각 자체가 없다. 그러니 불만이나 요구가 있을 리 없다. 고로 머리를 써야 하는 일에서 철저히 제외된다. 여기서도 여성은 소수자다.

평면나라의 모습은 안타깝지만 매우 수학적이다. 뭔가 기발하고 신기한 존재들이 있을 법도 한데 수학을 크게 벗어나지 않았다. 이런 상상력의 한계는 어찌 보면 자연스럽다.

우리는 어떤 물건의 겉 부분을 부를 때나 단순하다는 의미로 평면이란 말을 종종 사용한다. 바닥을 평면으로 만들었다는 등, 그 문제를 평면적으로만 보지 말라는 등 얘기한다. 이 경우에 평면은 3차원의 경계나 일부를 나타내는데, 우리가 사는 세상이 기준이지 그곳을 독립적인 세계로 여기는 건 아니다.

그런데 평면의 세계를 독자적으로 다루는 분야가 있다. 수학과 미술이 그렇다. 수학에서는 평면을 공간과 구분하여 평면 도형만을 다룬다. 미술은 평면 위에서 색을 가지고 새로운 존재를 만들어 간다. 그래서인지 평면나라는 이 두 영역을 본떠서 그려졌다.

평면나라의 주민은 수학에서 평면 도형이라 불리는 도형이다. 원칙적으로 평면 도형이란 '평면 위에서 그려질 수 있는 모든 도형'을 말한다. 하나의 점, 구부러지거나 휘어진 선 또는 선이 교차하거나 선으로 둘러싸이지 않은 도형도 평면 도형이다. 하지만 수학은 주로 규칙과 패턴을 다룬다. 규칙으로 묶어 낼 수 있는 도형이 수학의 주목을 받는다. 그래서 평면나라에는 주로 다각형이 살고 규칙 도형이 대접받는다. 규칙 도형에 대한 편애는 수학적 현실을 반영한 것이다.

여성에 대한 차별도 수학과 관련이 있다. 여성 차별이 예전보다 많이 없어진 지금도 수학자의 대다수는 남성이다. 1936년부터 수여된 필즈상(Fields Medal)[28]을 여성이 처음 수상한 게 2014년이었을 정도다. 여학생은 남학생에 비해 수학에 약하다는 게 정설이다. 특히 공간 지

---

28 수학의 새로운 분야를 개척한 수학자에게 주는 상. 캐나다의 수학자 존 필즈(John C. Fields)의 유언에 따라 그의 유산을 기금으로 만들어졌으며, 흔히 '수학계의 노벨상'이라 불린다. 국제수학연맹이 4년마다 개최되는 세계 수학자 대회에서, 상이 수여되는 연도의 1월을 기준으로 만 40세가 되지 않은 네 명 이하의 수학자에게 수여한다.

각력의 차이는 더 크다고 한다. 그렇다고는 해도 여성 수학자라고 할 만한 사람은 손에 꼽을 정도이다. 고대 그리스의 히파티아(Hypatia)를 제외하고 근대 이전의 여성 수학자로 거론되는 사람은 없었다. 근대에 이르러서도 사정은 크게 달라지지 않았다. 19세기 전후에 활동한 소피 제르맹(Sophie Germain)은 학교에 입학을 못해서 다른 남학생의 노트를 입수해 공부해야 했다. 논문도 다른 사람의 이름으로 발표했다. 20세기의 에미 뇌터(Emmy Noether)가 학교 측의 허락으로 수학과 학생으로 등록한 게 1904년이었다. 박사 학위를 취득 한 뒤 명성을 쌓았지만 그녀에게 강의할 수 있는 기회는 쉽게 주어지지 않았다. 단지 여성이라는 이유 때문이었다.

고대 그리스의 경우 수학은 일상적이고 실용적인 학문이 아니었다. 돈을 주고 계산하는 것과 같이 실생활 문제를 해결하는 건 기술이지 학문이 아니었다. 그들에게 수학이란 하늘의 이치를 탐구하는 학문이었다. 하늘의 움직임을 다루는 천문학은 수학의 응용으로 간주되었다. 수학은 남성에게 적합한 학문이라 여겼다. 감정과 땅의 일에 민감한 여성은 수학에 어울리지 않는다고 보았다. 사회적인 차별 이전에 여성은 철학적으로 수학이란 에덴동산에서 쫓겨나야 했다. 이후 여성은 사고 능력이 떨어지고 수학을 못하는 것으로 규정되었다. 《플랫랜드》에는 이런 역사적 이미지가 그대로 반영되어 있다.

미술도 평면나라에서 응용됐다. 서로를 구분하고 식별하기 위해 평면나라에서 색깔이 발전된 바 있다. 평면나라에 도형이 산다고 하지만, 한 도형에게 다른 도형의 모습이 그대로 보이는 건 아니다. 오각형이 오각형으로 보이는 건 3차원에서 봤을 때다. 평면에서 오각형은 그저 선으로 보일 뿐이다. 옆에서 쳐다보기에 모든 도형은 선으로 보인다. 따라서 앞에 있는 도형이 어떤 도형인지 구분할 방법이 필요

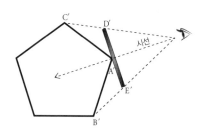

| 3차원에서 보는 오각형 |

졌고, 그 방법 중 하나가 도형마다 고유한 색을 칠하는 것이었다.

평면나라라는 상상은 기발했다. 그러나 그 구체적인 모습은 그다지 획기적이지 않았다. 3차원에서 평면을 다루는 분야를 거의 그대로 옮겨다 놓은 탓이다. 그만큼 우리가 입체라는 현실에 갇혀 평면을 상상하지 못하고 있다는 뜻일 게다. 상상력이 필요하다. 단지 공간과 차원만 다른 나라가 아니라 질적으로 다른 세계를 창조해 내기 위해서는 파격적인 상상력이 있어야 한다. 그래야 3차원 수학의 그늘에서 벗어나지 못하고 있는 평면나라를 정말 다른 나라로 만들 수 있다.

4차원의 상상력

《플랫랜드》는 3차원 이상의 고차원을 다뤘다. 미스터 스퀘어가 그토록 간절히 찾던 도형은 4차원에 속한 도형이었다. 지금은 4차원이란 말이 익숙해졌기에 대수롭지 않게 생각할 수 있으나, 이 작품이 1884년에 출간된 작품이란 걸 상기해야 한다.

4차원이란 말이 일반화되기 시작한 건 알버트 아인슈타인(Albert Einstein)의 '일반 상대성 이론' 때문이었다. 이 이론이 1916년에 발표되었으니,《플랫랜드》는 아인슈타인보다 30년 정도 앞서 4차원을 다뤘다. 시기적으로 굉장히 앞서 있다. 차원에 있어서 선구자 격이다. 잘 알려지지도 않았던 애보트라는 작가가 아인슈타인보다도 여러 발 앞선 감각을 선보인 비결이 궁금하다.

새로운 세계를 그리고 있다는 점에서《플랫랜드》는《이상한 나라의 앨리스》와 닮았다. 소재가 다를 뿐 주제는 동일하다.《이상한 나라의 앨리스》가 공간적인 측면에서 신세계를 그렸다면,《플랫랜드》는 차원의 측면에서 신세계를 묘사했다. 공간과 차원의 세계에서 두 작품 모두 매우 급진적이었다.《플랫랜드》는 분명《이상한 나라의 앨리스》로부터 영향을 받았다.《이상한 나라의 앨리스》는《플랫랜드》보다 20년 전에 출간돼 유명세를 떨친 데다, 두 작품 모두 영국 문학이었다.《플랫랜드》의 작가는《이상한 나라의 앨리스》를 접했을 테고 그로부터 많은 영감을 받았음에 틀림없다. 다만 그는 캐롤이 전혀 다루지 않았던 차원이라는 새 영역에 손을 댔다.

《플랫랜드》는 출간 이후 사람들의 많은 관심을 불러일으켰다. 출간된 지 2년 만에 다른 나라에 번역되기 시작했을 정도였다. 차원을 인식하는 방법을 가장 잘 다룬 작품이라는 극찬을 받았을 정도로, 차원을 깊이 있고 재미나게 다뤘다. 특히 1950년대에 공상 과학 소설이 유행하면서 뜨거운 찬사를 받았고 많은 속편이 끊이지 않고 등장했다. 2007년에는 감동적인 애니메이션으로 제작되었을 정도로 그 인기는 아직도 여전하다.

그런데 애보트가 이 작품을 구상하던 무렵에는 차원이란 개념이 일반인에게 익숙하지 않았다. 그에게는 뭔가 범상치 않은 면모가 있었다. 《플랫랜드》만 보더라도 작가가 일반인에 비해 상당한 수학적 지식을 소유한 사람이라는 걸 알 수 있다. 그가 신학자이자 교육자였다는 점에 주목해야 한다. 늘 교육적인 것에 관심을 가졌을 그에게 차원이라는 소재를 제공해 줬을 법한 일이 수학계에 일어났다. 그것은 바로 1854년에 있었던 리만의 기하학 강의였다.

리만은 곡면의 기하학뿐만 아니라 차원에 대해서도 중요한 메시지를 남겼다. 리만 이전에도 수학은 차원을 다루어 왔다. 고대부터 평면과 입체를 구분했었다. 하지만 그간의 수학이 다룬 차원은 3차원까지였으며 4차원 이상으로 뻗어 가지 못했다. 4차원을 물리적으로 설명하기는 어려웠다. 0차원은 위치, 1차원은 길이, 2차원은 넓이, 3차원은 부피를 갖기에 3차원까지는 문제가 없었다. 차원과 수식은 연결됐으며, 그 의미는 분명했다. 그러나 4차원부터 이 연결 고리가 끊어진다. 그 의미를 알 수가 없어 다루기를 주저했다.

리만은 '수학의 차원을 3차원으로 제한할 필요가 없다'라고 주장하며 3차원에 묶여 있던 수학의 족쇄를 풀어 버렸다. 현실에서 설명이 불가능하다고 해서 수학마저 3차원까지만 다룰 이유는 없다. 리만은 현실과 수학을 분리하여 수학은 4차원 이상 아니 무한한 차원까지 다룰 수 있다고 주장했다. 현실에 갇혀 있던 수학을 현실로부터 독립시켜 무한한 자유를 부여해 준 혁명적인 사건이었다. 리만의 주장은 서서히 공간과 차원에 대한 고정 관념을 변화시켰다. 애보트도 리만의 메시지에 영향을 받았던 것 같다. 공간과 차원에 관한 리만의 메시지는 나중에 아인슈타인에게 그대로 전달되어 상대성 이론 형성에도 큰 역할을 했다. 차원에 관한 상상력의 원천은 결국 수학이었다.

소련의 인권 운동은 수학자로부터 시작됐다고 한다. 한 논리학 이론가가 1965년 최초의 시위를 조직했다. 요구하는 내용은 간단했다. 소련 정권이 소련의 법을 지키라는 거였다. 그는 논리적 일관성을 바탕으로 정부의 행위가 불법적이라고 판단해 시정을 요구했다. 그는 논리에 입각해 현실을 바라봤다.

수학은 생각하는 대로 본다. 보이는 대로 생각하는 학문이 아니다. 특정 모델을 보며 그 모델을 따라 생각하지 않는다. 평면에 대한 아이디어만 봐도 그렇다. 미술이 평면을 다뤘다지만 사고의 대상으로써 다룬 건 아니다. 평면을 독자적인 공간으로 보고 평면에 관한 독자적인 세계를 구축한 것은 수학밖에 없다. 생각하는 모든 게 존재가 되어 버리는 수학의 특성 때문이었다. 생각하는 대로 보는 수학이기에 수학은 현실에 갇히지 않는다. 시대를 뛰어넘는 혁명적인 아이디어도 얼마든지 제공할 수 있다. 2차원의 미스터 스퀘어가 4차원 도형을 상상할 수 있었던 건 오로지 수학의 힘이었다. 수학의 이런 힘을 한 번이라도 맛본 사람은 안다. 수학의 본질은 자유이며, 그 자유를 통해 수학 역시 인류의 문화 발전에 충분히 이바지해 왔다는 것을!

16

수학을 모르면
어른을 이길 수 있다
•

《어린 왕자》
프랑스의 비행사이자 작가인 앙투안 생텍쥐페리가 1943년 발표한 동화.
사막에 불시착한 어른과 자아의 내면에 살고 있는 어린이의 만남을 다룬 내용으로,
현재까지 180여 개국에 번역되어 전 세계인의 사랑을 받고 있다.

외계인과 지구인의 싸움

《어린 왕자》, 참 많이 보게 되는 책이다. 그림이 예뻐서 그림만 보고, 유명한 동화라고 해서 억지로 보고, 어른이 되고 나서야 단순한 동화가 아니란 걸 깨닫고 음미하며 다시 본다. 앙투안 생텍쥐페리(Antoine Saint-Exupéry)가 직접 그린 어린 왕자 그림 역시 우리에게 매우 친숙하다. 이 그림은 프랑스 지폐에 실렸을 정도로 많은 사랑을 받았다.

《어린 왕자》는 외계인과 지구인의 싸움 이야기다. 외계인은 어린이고 지

| 어린 왕자 이미지가 실린 프랑스 지폐 |

구인은 어른이다. 이 구도는 두 존재가 아예 '다른' 족속임을 보이기 위한 것이다. 싸움터는 사막이고 싸움의 주제는 '누가 인생과 세상을 더 잘 알고 있는가?'이다. 싸우는 방식은 주먹이 아니라 말이다. 무엇으로 보나 어른이 더 유리한 게임 같다. 세상 경험도 많고 인생을 더 많이 살았으니까. 하지만 막상 뚜껑을 열어 보니 결과는 반대였다. 어른의 일방적인 패배였다.

어린 왕자와 어른의 싸움을 결정지은 요소는 경험이 아니었다. 그건 바로 '수'였다. 어린 왕자가 어른을 쉽게 공략하고 무너뜨릴 수 있었던 건 수를 잘 공략했기 때문이다. 어린 왕자는 어른을 향해 선문답 같은 알쏭달쏭한 말을 날렸다. 논리와 이성으로 무장한 어른은 당혹스러웠다. 무슨 말인지 바로바로 해석하지 못했다. 그사이 어린 왕자는 더 많은 말을 퍼부으며 맹공을 펼쳤다. 어른의 반응에 전혀 신경을 쓰지 않고 할 말만 계속했다. 해석이 돼야 싸울 텐데, 아리송하고 오묘한 선문답에 어른은 제대로 싸워 보지도 못했다.

각고의 노력 끝에 지구인이 외계인의 말을 이해하기 시작했을 무렵, 외계인은 지구를 떠나 버렸다. 지구인이 자신의 해석이 맞았는지조차 물어보지 못한 채로 게임은 끝났다. 외계인의 완벽한 승리였다.

어린 왕자의 승리는 예정된 것이었다. 싸움터 자체가 어른에게 불리했다. 사막은 문명과 지식이 통하지 않는 곳이다. 그곳에서는 어른의 특기 중 하나인 수학도 소용없다. 유일한 문명의 산물인 비행기마저 고장나 버렸다. 어른은 무기가 하나도 없는 상태에서 보이지 않는 것도 볼 줄 아는 어린 왕자를 상대해야 했다. 차포 떼고 장기를 두는

데 이겨 낼 재간이 없는 것은 당연지사 아닌가!

어른들은 숫자를 좋아한다. 새로 사귄 친구 이야기를 할 때면 어른들은 그 아이의 목소리가 어떤지, 무슨 놀이를 좋아하는지와 같은 것을 묻지 않는다. 대신에 몇 살인지, 형제는 몇 명이고 아버지의 수입은 얼마인지를 묻는다. 무엇이든 수로 표현돼야 안심한다. 창가에 제라늄 화분이 있는 멋진 장밋빛 벽돌집이라고 장황하게 이야기해 봐야 소용없다. 그저 10만 프랑짜리 집을 봤다고 하면 그만이다. 그제야 어른들은 근사하다고 야단법석을 떤다.

수를 좋아한다는 건 정확한 걸 좋아한다는 말과 같다. 어른에게 '많다'라는 표현은 정확한 느낌을 주지 못한다. 수로 표현해 줘야 감을 잡는다. 계산은 어른이 애용하는 기술이다. 어린 왕자는 계산에 빠져 지내는 별종들을 소개한다. 어느 별에 사는 시뻘건 얼굴의 사람이 하는 것이라고는 계산뿐이었다. 또 어린 왕자가 지구에 오기 전 네 번째 별에서 만난 사업가도 진지하게 별의 수를 세고 계산했다. 그는 하늘의 별이 정확하게 5억 162만 2,731개라고 말했다. 정말 많지 않은가! 하지만 그들은 결코 꽃향기를 맡지도, 별을 쳐다보지도 않았고 누군가를 사랑해 보지도 않았다.

어른들의 일상적인 모습을 나열한 후 어린 왕자는 한마디를 했다. "인생을 이해하는 사람은 숫자 같은 것에 신경을 쓰지 않는다"며, "세고 계산하는 건 그리 중요한 일이 아니고 시간 낭비일 뿐이다"라고 말이다. 어린 왕자는 수를 중심으로 어른을 공략했다.

어린 왕자는 어른들에게 그들이 놓치고 있는 것, 즉 어른 세계의 여집합을 보여 주려 했다. 어른들은 그들이 보는 것이 세상의 전체집합이라고 여기지만, 어린 왕자는 그것이 전체가 아닌 부분집합이라고 한다. 그것도 알맹이가 빠져 있는 부분집합 말이다. 전체냐 부분이냐를 결론짓는 확실한 방법은 여집합의 원소를 직접 보여 주는 것이다. 많이도 필요 없다. 단 하나의 원소만으로도 충분하다. 이 중요한 작업을 수가 맡았다.

어린 왕자는 어른 세계의 영역이 어디까지인지 보여 줘야 했다. 그래야 여집합을 보여 줄 수 있었다. 세계란 땅이나 자연뿐만 아니라 생각이나 습관처럼 무형의 요소들도 포함하고 있다. 그 세계의 경계를 어떻게 보여 줄 수 있을까? 하지만 어린 왕자는 멀리까지 꿰뚫어 보는 천리안을 가졌다. 어른들의 세계는 수의 세계와 일치한다. 수가 있는 곳까지 어른들은 움직이고 활동한다.

수는 인간의 언어 중 가장 정교하고 논리적이다. 편리할 뿐만 아니라 정확해서 대상의 크기를 나타내는 데 아주 유용하다. 좌표나 그래프를 이용하면 명확히 와닿지 않던 수나 수식이 그림이 되어 한눈에 확 들어온다. 어찌 사랑하지 않을 수 있을까?

문명에 있어서 수는 필수적이다. 문명사회에서 무엇보다 중요한 것은 정확한 의사소통이다. 개성과 지역, 습관, 사고방식이 각자 다른 사람들이 어울려 살아가려면, 특수성을 넘어선 일반적이고 보편적인 언어가 필요하다. 수는 인간의 언어 가운데 가장 보편적이다. 수로 표현하면 뭐든지 정확하고 분명해진다. 그냥 '많다'고 말하는 것과 100개 또는 1,000개라고 말하는 것은 차이가 있다. 수를 사용하기 전이라면 모르지만 한번 사용해 보고 나면 그 마력을 뿌리치기가 어렵다. 모든 걸 수로 표현해야 직성이 풀리고, 수로 표현되지 못하는 것들은 거들떠보지 않게 되어 버린다.

어린 왕자는 어른을 돈보다는 수로 연결하고 있다. 수보다는 돈이라고 말하는 게 더 구체적이고 실감이 날 텐데, 작가는 돈이 아닌 수를 택했다. 돈보다는 수가 더 근본적임을 강조한 것은 보이지 않는 영역까지 꿰뚫어 보는 어린 왕자이기에 가능했다.

문명사회 그리고 문명에 익숙한 어른의 모습은 수와 일치한다. 수가 있는 곳에 문명과 어른이 있다. 《어린 왕자》는 수와 문명의 관계에 대한 예리한 통찰로 수 중심의 사회를 성찰하게 해 준다.

수로 표현할 수 없는 게 있을까?

문명과 수의 관련성에 동의하는 순간 어린 왕자의 반격이 시작된다. 어린 왕자는 그 순간을 기다려 왔다. 어린 왕자가 짜 놓은 틀 안에 걸려든 거다. 수의 탁월함에 기고만장하며 우쭐하는 순간 어린 왕자는 수의 다른 면을 보여 준다. 어린 왕자는 수가 오히려 본질을 가로막고 있다는 놀라운 주장을 펼친다. 수는 제 아무리 날고 긴다 할지라도 본질에 다가설 수 없다.

수는 지식의 언어다. 관찰과 이해를 바탕으로 터득한 앎의 언어다. 그러니 삶 자체나 삶을 누리고 맛보는 것보다 관조하는 데 적합하다.

별이 몇 개인지 관심을 두고 알아 가지만, 별이 주는 아름다움과 사연에는 관심이 없다. 꽃잎이 몇 개이고 어떤 규칙성을 갖는지에 관심을 두지만, 꽃향기에 젖어 들지는 않는다.

수는 삶과 세상의 가운데로 들어가기보다는 그것에 관해 옆에서 이야기할 뿐이다. 삶을 사는 것과 삶을 이야기하는 것, 어느 게 더 본질적인가? 누가 봐도 삶을 사는 것이다. 삶을 이야기하는 것은 삶의 일부에 지나지 않는다. 여기에서 이미 게임은 끝났다. 어른은 어린 왕자에게 다가서기만 할 뿐 결코 따라잡을 수 없다.

수는 삶의 한복판에서 만들어지지 않는다. 수는 삶의 가장자리 또는 삶을 굽어 살필 수 있는 곳이라야 등장한다. 산 정상과 같은 그런 자리 말이다. 정상에서 아래를 보면 사람은 구별되지 않는다. 산 중턱에 머물러 쉬고 있는 사람은 모두 똑같은 사람일 뿐이다. 그렇기에 5나 9 같은 수가 가능하다. 사람들 속에 있으면 수는 잘 보이지 않는다.

사람의 생김새는 모두 다 다르다. 키가 크고 홀쭉한 철수와 주근깨 투성이의 말괄량이 삐삐, 갓 태어난 막내 동생, 험상궂게 반말을 내뱉는 깡패가 같은 사람으로 보이지는 않는다. 사연이 있을수록, 자신과 교감이 깊을수록 그 존재는 유일하게 느껴진다. 삶이란 구체적이고 개별적이며 각각이 모두 구별된다.

반면 수는 모두를 같은 것으로 바라본다. 구별되는 특성에는 관심이 없다. 영희도 1이고 철수도 1이다. 남자든 여자든, 코가 크건 작건, 피부가 하얗건 까맣건 문제를 삼지 않는다. 수는 자꾸만 사람들을 삶의 한복판보다 삶의 언저리로 불러들인다. 삶을 제대로 맛보기 어려운 곳에 말이다. 사람은 산 정상에서 계속 살 수 없다. 그곳은 구경하고 휴식하기에 좋지만 결국은 산 아래로 내려와야 한다. 사람이 살아가야 할 곳은 옹기종기 모여 살며 이야기를 나누는 산 아래다.

수를 좋아하는 어른들은 수만큼의 한계를 갖는다. 어른들은 책상에 앉아 세상에 대한 정보를 수집하고 기록한다. 하지만 탐험가처럼 직접 돌아다니지는 않는다. 그러면서도 모든 것을 정확하게 안다고 자신한다. 어린 왕자는 어른이 대단한 착각 속에 살고 있다고 깨우쳐 준다.

정말 중요한 건 눈에 보이지 않는 것들이다. 그런데도 어른들은 그걸 몰라서 관심을 끄고 무시한다. 그런 것들은 수로 표현되지 않기 때문이다. 하지만 눈에 보이는 것들은 수로 표현된다. 그게 어른들의 관심사다. 그 결과 어른들은 인생에 있어서 정말 중요한 것들을 놓치고 말았다.

돈은 현재 모든 것들의 가치를 매기는 척도이다. 돈이 되는 건 가치를 인정받고 돈이 되지 않는 건 그다지 환영을 못 받는다. 가사 노동이 매달 얼마 정도의 돈과 맞먹는지 계산한다거나, 협동이나 신뢰와 같은 무형의 힘을 사회적 자본과 같은 개념으로 바꿔 계산해 보려는 움직임은 그런 세태를 반영한다. 보이지 않는 걸 돈으로 표현해 줘야 사람들은 그것의 가치를 인정하고 주목한다. 돈을 떠받치고 있는 시스템은 수다.

어른들이 보지 못하는 여집합을 강조하는 어린 왕자는 수학의 무리수 개념과 딱 들어맞는다. 우리는 제곱해서 2가 되는 수를 정확히 알지 못한다. 다만 그런 수를 √2라고 표시할 뿐이다. 무리수는 유리수가 아닌 수다. 유리수는 잘못된 번역인데 '유비수'라는 표현이 좀 더 정확하다. 유비수는 '비가 있는 수'라는 뜻으로 분수로 표현되는 수를 말한다. 2/3=2:3처럼 모든 분수는 비로 표현되고 크기를 알 수 있다. 무리수의 정확한 명칭은 '비로 나타낼 수 없는 수', 무비수다.

유리수는 그 크기를 알아낼 수 있는 수다. 2/3란 단위 1/3이 두 개인 크기를 나타낸다. 유리수는 우리가 정확하게 알고 있는 수로써, 인간이 갖고 있는 지식이라고 할 수 있다. 인간이 측정할 수 있고 판단할 수 있는 지식의 전부다. 그런데 무리수를 통해 우리는 유리수가 수의 전부가 아니란 걸 알게 됐다. 인간이 정확하게 알아내기 힘든 크기가 있다는 걸 무리수가 알려 줬다. 무리수는 인간이 포착할 수 없는 수로써 인간의 지식 영역 밖에 있다. 어린 왕자가 말하고자 하는 게 이 무리수다.

어린 왕자는 유리수가 전부라고 믿는 어른들에게 유리수가 아닌 무리수가 있다고 말한다. 어른들의 여집합이 있다는 것이다. 이 메시지는 시대적 배경과 깊은 관련이 있다. 작가인 생텍쥐페리는 프랑스인으로 제1 · 2차 세계 대전을 겪은 비행사였다. 두 차례의 세계 대전을 겪으면서 사람들은 문명을 비판적으로 보게 되었다. 생의 철학과 실존주의는 이런 흐름을 배경으로 하여 유럽에서 등장했다. 이들은 과학적이고 합리적인 문명을 비판하며 삶 자체와 구체적인 사람 하나하나를 중요하게 여겼다. 어린 왕자의 표현에 따르면 수를 벗어나 있어서 보이지는 않지만 삶에서 중요한 것들의 가치를 부각시켰다.

《어린 왕자》의 주제와 딱 맞아떨어진다.

수학에서도 문명 비판과 맥을 같이 하는 중요한 사건이 있었다. 1931년, 괴델은 20세기의 지적 세계에 엄청난 영향을 끼친 '불완전성의 정리'를 조용하게 발표했다. 이 정리는 수학 체계에 관한 것으로 수학에서의 증명이 완전한가를 다루고 있다. 증명은 어떤 명제의 참과 거짓을 밝혀 주는 수학의 핵심적인 영역이다. 증명을 통해 추측과 가설은 정리되고 규칙이 된다. 괴델의 정리는 이 증명이 완전한지를 다룬 것이다. 증명이 완전하다는 건 참과 거짓을 완벽하게 밝힐 수 있다는 것을 말한다. 어떤 명제든 그것이 참인지 거짓인지를 구분해 준다는 거다. 이 문제는 20세기 초반부터 수학계의 가장 큰 이슈였다. 증명의 완전성에 대한 확신 없이는 증명에 의한 수학을 확신하기가 어렵기 때문이다. 수학자들은 이걸 증명할 수 있으리라 확신했다. 괴델도 처음에는 그렇게 생각하고 수학의 완전성을 증명하려 했다. 하지만 결론은 정반대였다.

'불완전성의 정리'는 분명 참이지만 그걸 증명할 수 없는 명제가 존재한다는 것이다. 이 정리는 수학의 증명이 완전하지 않고, 수학의 테두리를 벗어나 있는 여집합이 존재하며, 유리수로 포착할 수 없는 무리수가 있다는 내용을 골자로 한다. 이 정리는 인간 이성의 한계를 분명히 보여 주는 위대한 증명으로 받아들여졌다.

《어린 왕자》는 숨 가쁘게 달려온 인류가 삶에서 놓치고 있는 것들에 주목하게 한다. 그리고 진정으로 중요한 게 무엇인지 성찰하게 만든다. 또한 수로 표현되지 못하고 있는 것들의 가치 역시 달리 보도록 한다. 지식과 이성의 한계를 자각했으니 이제 삶의 공백과 여백을 인정하고 겸허하게 살아가자. 주위의 존재들을 무덤덤하게 바라보지 말고 어린 왕자의 말처럼 그런 존재들을 길들이며 살아가자. 또한 자신을 그런 존재들에게 길들이며 살아가자. 어린 왕자는 어느 별에선가 이렇게 속삭이고 있다.

어린 왕자와 오광성

어린 왕자는 획일화되고 고정화된 어른들의 재미없는 세계를 고발한다. 하지만 어린 왕자 역시 어른들의 세계를 모든 면에서 벗어나지는 못했다. 모자 같은 그림을 보여 주며 모자라고 답하는 어른들을 조롱했던 그였지만, 어린 왕자에게도 획일화된 면은 보인다. 사람이란 역시 한계에 갇힌 존재인가 보다.

어린 왕자와 별은 떼려야 뗄 수 없는 관계이다. 그가 온 곳과 다시 돌아간 곳도 별이었다. 별은 어린 왕자와 잘 어울린다. 그림에서도 별은 항상 어린 왕자의 가까이에 있다. 그런데 별의 모습을 자세히 보면 상당히 획일적이다.

| 어린 왕자 그림에 사용된 오광성 |

보통 우리가 별이라고 하면 그리게 되는 모양 ★, 이것을 '오광성'이라 부른다. 별빛이 다섯 군데로 뻗어 나가는 모양이어서 오광성이다. 별 모양을 이렇게 그리는 건 매우 일반적이다. 어른뿐만 아니라 그림을 조금 그릴 수 있게 된 어린이도 이렇게 그린다. 이런 획일적인 문화에도 수학이 깊이 관련되어 있다.

오광성이란 말 자체가 낯선 사람도 많을 것이다. '별이면 별이지 무슨 오광성? 그럼 육광성, 칠광성 이런 것도 존재하나?' 하는 의문이 들 법하다. 사실 육광성 칠광성도 존재한다. 일상적으로 사용하지 않아서 그렇지 엄연히 존재한다. 각국의 국기만 보더라도 쉽게 확인할 수 있다. 물론 국기에서도 오광성을 사용하는 비중이 여전히 압도

| 베트남 국기 (오광성) |

| 이스라엘 국기 (육광성) |

| 요르단 국기 (칠광성) |

| 아제르바이잔 국기 (팔광성) |

적이다. 별 모양이라고 해서 다 같지는 않다. 태양을 상징하는 것 같은 모양까지 합하면 종류는 더 다양해진다. 평상시 잘 사용하지 않아서 모를 뿐이다.

고대부터 별은 사람들의 관심과 선망의 대상이었다. 밤하늘에 흩뿌려져 총총히 빛나고 있는 별을 보면, 특히 사랑하는 님과 함께 그 별을 바라볼 때면 신비함이 더 깊이 밀려온다. 별이 천문학의 대상으로써 과학적 연구와 조사의 대상이 되기 전, 별은 숱한 이야기를 품고 있었다. 별이 세상을 둘러싸고 있는 신이라고도 했고, 사람이 죽어서 별이 된다고도 했고, 달나라에 방아 찧는 토끼가 산다고도 했다. 아주 오래전부터 사람들은 별에 대한 마음을 담아 별 모양을 문양으로 새겼다. 각자의 느낌에 따라 다양하게 말이다.

❙ 선사시대의 다양한 별 문양[29] ❙

• • • • • • • • •
29 아리엘 골란, 《세계의 모든 문양》, 정석배 옮김, 푸른역사(2004).

기원전 6,000년 전부터 기원전 1,000년 전까지 그려진 별 문양의 예들이다. 오광성뿐만 아니라 육광성, 칠광성, 팔광성 등 매우 다양하다. 지금 우리가 사용하는 별 문양은 여기에 다 포함되어 있다. 오히려 지금보다 훨씬 더 다채롭고 풍부하다. 그런데 다양하고 풍성했던 별 문양은 지금 어디론가 사라져 버리고, 우리는 오광성으로만 별을 그리고 있다. 중간에 무슨 일이 있었던 것일까? 이 사연에 수학이 관련되어 있다.

별 모양에 담긴 이야기와 역사

선사 시대의 문양들은 사람의 손에 의해서 그려졌다. 도구를 이용하여 문양을 새겼겠지만 기본적으로는 손의 감각과 기술을 이용했다. 기하학적 모양이 출현했다지만 그건 자연이 빚어낸, 우연과 구부러짐이 있는 수수한 모양이었다. 문자와 학문, 문명이 서서히 발달하면서 이런 모양은 자와 컴퍼스에 의해 보다 정교하고 완벽해졌다. 그러면서 별 모양도 학문적으로 다루어지게 됐을 것이다.

별을 정교하게 그릴 수 있는 가장 좋은 방법은 정다각형을 이용하는 것이다. 정다각형을 그린 뒤 대각선을 잘 연결하면 완벽한 별 모양이 만들어진다.

정삼각형과 정사각형에서 별 모양은 만들어지지 않는다. 정오각형 이상부터 대각선을 연결하다 보면 멋진 별이 탄생한다. 신기하게도 대각선들이 교차하여 중앙에 만들어지는 도형은 크기가 작지만

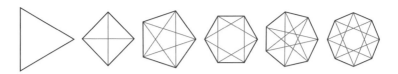

원래 정다각형과 같은 모양이
된다. 그 정다각형의 대각선을
이으면 다시 조그만 별 모양이
만들어진다.

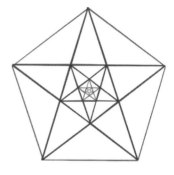

| 정오각형과 무한한 별모양 |

　정다각형과 별은 안으로도
밖으로도 계속 만들어진다. 변
을 연장하면 큰 별이 만들어지
고 별의 꼭짓점을 연결하면 큰

정다각형이 만들어진다. 정교하게 그을 수만 있다면 무수히 많은 크
고 작은 정다각형과 별을 만들어낼 수 있다. 닮은 도형이 무한히 만
들어진다는 점은 별의 신비로운 이미지와도 잘 어울린다.

　별 모양은 모두 한붓그리기가 가능하다. 끊지 않고 이어가며 한 번
에 그릴 수 있다. 육광성의 경우만 조금 주의하면 된다. 그중 오광성
이 가장 빠르게 잘 그려진다. 이런 점도 오광성의 인기에 한몫했을
것이다.

　별을 정확히 그리려면 정다각형을 정확히 작도해야 한다. 정다각

형을 얼마나 제대로 그리느냐에 따라 별이 얼마나 제대로 그려질지 결정된다. 이 문제를 정면으로 다룬 곳이 그리스 문명이었고, 그 선구자는 피타고라스학파였다.

정다각형 작도 문제에서 가장 어려운 게 정오각형이었다. 정오각형은 정다면체와 관련해서도 매우 중요했다. 정다면체를 보통 '플라톤의 정다면체'라고 하지만 실상 피타고라스학파에 의해 정다면체는 모두 발견되었다. 정다면체는 딱 다섯 개였는데, 정다면체의 면을 이루는 정다각형은 세 개다. 정삼각형, 정사각형 그리고 정오각형이다. 정삼각형과 정사각형의 작도는 쉽다. 특별한 비법이나 기술 없이 막 그리다 보면 작도가 되기도 한다. 평범한 사람의 평범한 지식만으로도 가능하다. 하지만 정오각형은 다르다. 정오각형은 누구나 작도할 수 있는 도형이 아니었다. 우연히 엇비슷하게 작도했더라도 언제나 완벽하게 그려 내려면 분명하고도 확실한 비법이 필요했다.

피타고라스학파는 결국 정오각형의 작도법을 알아냈다. 그게 가능했던 건 그들이 정오각형에 존재하는 수학적 비밀을 밝혀냈기 때문이다. 피타고라스학파는 정오각형 한 변의 길이와 대각선의 길이가 어떤 비율을 이루는지를 알아냈다. 정오각형 한 변의 길이를 1이라 할 때 대각선의 길이는 그 유명한 황금비 $\frac{1+\sqrt{5}}{2}$였다. 정오각형의 대각선을 이으면 그 안에는 닮은 도형이 많이 생기는데, 피타고라스학파는 닮은 도형의 닮음비를 이용하여 황금비를 알아냈다. 그들은 이 사실을 역으로 이용하여 정오각형 작도에 성공했다. 주어진 길이를 1로 할 때 대각선의 길이는 황금비가 돼야 한다. 그들은 1의 길이를 활용해 황금비 길이만큼의 선분을 만들어 냈고, 이 선분으로 정오 각형의 꼭짓점을 역으로 알아냈다.

　정오각형의 작도법은 비밀이었다. 피타고라스학파는 지식을 밖으로 전파하지 않았다. 모든 지식은 학파 내에서 구전되었다. 정오각형의 작도는 학파 내 사람에게만 허용된 수준 높은 지식이었다. 그들은 정오각형과 별 모양을 자랑스러워 하여 그들의 상징으로 사용했다. 학파 사람이 아니고서는 그걸 작도한다는 게 불가능했기 때문이다. 이 지식이 얼마나 대단한 것이었나를 보여 주는 일례다.

　근대에 이르기까지 정오각형의 작도법은 아는 사람만 조용히 아는 지식이었다. 중세에 이르기까지 황금비나 정오각형에 관련된 기술은 은밀하게 전해졌다. 1509년 루카 파치올리(Luca Pacioli)의 《신성한 비례》라는 저작물을 통해 정오각형 작도법이 만천하에 공개되기 전까지 그러했다.

　정오각형에 대한 역사적 관심은 각별했다. 그릴 수는 있으나 아무나 할 수 없다는 게 더욱 애간장을 태웠다. 누구는 하고 누구는 못하는 게 더 약이 오르는 법이었다. 정칠각형이나 정구각형의 경우는 작도 자체가 불가능했고, 누구나 못했기에 차라리 더 공평했다. 그래서 정칠각형이나 정구각형은 사람들의 관심에서 배제됐다.

　오광성에 대한 집착은 정오각형이 수학의 역사에서 주목을 받았다는 사실과 관련이 깊다. 정십각형 이내에서 정오각형은 각별한 존재였다. 따라서 정오각형을 통해 그려지는 오광성 또한 특별한 대접을 받았다. 그로 인해 별 하면 오광성을 떠올리게 됐고 다양한 별 모양을 밀어내고 최고의 자리에 앉게 됐다.

별 하면 오광성이듯 숫자 하면 인도-아라비아 숫자다. 인도에서 발명되어 아라비아와 유럽을 거쳐 온 이 숫자를 우리도 지금 사용하고 있다. 세계 도처 어디든 인도-아라비아 숫자를 사용하며, 영어보다 더 광범위하게 퍼져 있다.

각 문명은 그 문명에 어울리는 숫자를 갖고 있었다. 한 문명 안에서도 지역마다 시대마다 다양한 숫자가 있었다. 그만큼 풍성하고 다양했지만 이제 숫자 하면 인도-아라비아 숫자다. 이 숫자는 서양의 발전과 확장에 힘입어 다른 숫자들을 밀쳐 내고 가장 널리 퍼진 숫자가 됐다. 언어의 영어처럼, 화폐의 달러처럼 대표적인 숫자가 됐다. 이런 추세는 사회의 규모나 네트워크의 변화에 따른 것이다.

사회의 변화에 따라 문화가 달라지는 건 당연한 일이다. 그렇지만 이런 변화가 우리의 고유한 상상력마저 밀어내지는 않을까 염려스럽다.

17

수학이 죽어야
모모가 산다

•

《모모》
독일의 아동 문학가 미하엘 엔데가 1973년 발표한 소설.
어린이와 어른을 동시에 사로잡은 환상적인 작품으로 독일 청소년 문학상을 수상했다.
세계의 언론들은 동화와 환상 소설을 통해 금전과 시간의 노예가 된
현대인을 고발한 철학자로 엔데를 높이 평가하였다.

모모는 수를 모른다

《모모》는 《어린 왕자》와 닮은 데가 많다. 《모모》 역시 어린이가 주인 공이고, 어른과 싸우며, 어린이의 승리로 싸움이 끝난다. 《모모》에서 는 어른 중심의 문명을 비판하면서 어린이가 강조된다. 여기서 어린 이는 아예 어른의 구원자로 나선다. 어린이란 나이가 어려 미성숙한 존재가 아니라 어른들이 놓쳐 버린 무언가를 여전히 간직하고 있는, 위기에 빠져 버린 어른들을 되살릴 수 있는 유일한 존재다.

《모모》의 주요 배경은 폐허가 되어 버린 원형 극장이다. 한때는 수 많은 사람들이 모여 놀고 이야기하던 곳이었다. 대도시의 등장으로 이 극장은 가난한 사람과 고고학자만이 이용하는 곳이 되어 버렸다. 문명의 외곽이란 면에서 《어린 왕자》의 사막과 같은 곳이다. 그 곳에서 문명을 향한 반전이 어린이로부터 시작된다.

수에 대한 혐오는 《모모》에서도 드러난다. 어린 왕자가 숫자만 좋아하는 어른을 나무랐던 것처럼, 모모도 수를 좋아하지 않는다. 모모는 수를 배운 적이 없어 수를 모른다. 나이를 물으면 그가 주워들었던 수를 뜻도 모른 채 말한다. 수를 안다는 것과 모른다는 것은 문명에 얼마나 물들었는지를, 역으로 위기에 빠진 문명을 얼마나 구원할수 있는지를 보여 주는 척도 같은 느낌이다.

《어린 왕자》의 시즌 2로써 《모모》는 스토리가 더 탄탄해지고 구체화됐다. 사막에서 단둘이 진행되던 이야기는 도시 인근의 공터에서 여러 명의 등장인물과 더불어 전개된다. 《어린 왕자》가 문제의식을 던졌다면 《모모》는 그 화두를 받아 구체적으로 응답한다. 《모모》는 《어린 왕자》가 출간된 지 30년 정도가 지난 1973년에 발표되었기에, 좀 더 단단해진 구성으로 돌아올 수 있었다. 수에 대한 논의도 깊어졌다. 《어린 왕자》가 막연하게 수를 묶어서 비판했다면, 《모모》는 수가 사람을 어떻게 망쳤는지를 구체적으로 보여 준다. 사례가 구체적인 만큼 이야기는 더욱 실감나고 생생하다.

《모모》에서 다루는 대상은 시간인데, 시간을 통해 수의 위험성을 만천하에 폭로한다. 시간에 수가 결합되면서 사람들에게 어떤 변화가 있었는지를 동화적이지만 실제처럼 잘 묘사했다.

'회색 신사'들은 모모와 일전을 벌이는 적이다. 회색 신사 일당은 사람들로 하여금 시간을 악착같이 아끼게 만든다. 여유와 웃음을 갖고 살아가는 사람들에게 접근해 시간에 대해 달리 생각하게 한다. 그 결과 사람들은 시간을 아껴야겠다고 다짐하며 자신의 생활 방식을 바꾸어 간다. 사람들은 시간을 벌기 위해 바쁘고 부지런해진다. 불필요한 것은 없애고 필요한 것만 남긴 채 분주하게 처리하기 시작한다. 동화적이지만 일상의 변화를 예리하게 묘사한 작가 나름의 철학이 담겨 있다.

회색 신사는 사람들에게 아무 때나 접근하지 않았다. 사람들이 삶에 회의를 느껴 지나온 삶을 후회할 때 혹은 제대로 된 삶을 누리기 위해서는 시간이 필요하다고 깨달을 때 슬며시 말을 건넸다. 강요나 강압은커녕 귀찮게 따라다니며 설교하지도 않았다. 그저 사람들이 회의에 빠질 때 맞장구쳐 주며 생활의 변화를 은근히 부추길 뿐이었다. 회색 신사는 사람들에게 확신을 주기 위해서 데이터를 제공하는 과학적인 방법을 사용했다. 시간이 필요하다고 생각하던 이발사 푸지 씨에게 회색 신사 영업 사원은 아래 표를 보여 줬다. 푸지 씨가 사용하고 저축한 시간을 수로 환산한 표였다.

잠	441,504,000 초
+ 일	441,504,000 초
+ 식사	110,376,000 초
+ 어머니	55,188,000 초
+ 앵무새	13,797,000 초
+ 장보기 등	55,188,000 초

+ 친구, 노래 등	165,564,000 초
+ 비밀	27,594,000 초
+ 창가	13,797,000 초
합계	1,324,512,000 초

이건 푸지 씨가 이제껏 살아오며 써 버린 시간의 총 합계이다. 이렇게까지 세세하게 시간에 대해 생각한 적이 없었던 푸지 씨는 이 표를 보면서 아무 말도 못했다. 화려한 표, 그득하게 넘쳐나는 수에 이미 주눅이 들어 버린 상태였다. 진땀을 흘리며 회색 신사를 바라보고 있을 때 또 하나의 표가 제시됐다.

1,324,512,000 초
− 1,324,512,000 초
0,000,000,000 초

그에게 허용된 시간에서 그가 사용한 시간, 즉 비축해 둔 시간이 얼마인가를 보여 주는 계산식이었다. 회색 신사는 불안감을 증폭시키기 위해 고도의 심리전을 사용했다. 계산 결과를 0 하나만 적어도 될 텐데 0을 죽 나열한 것이다. 시간을 다 써 버렸다는 걸 확실하게 각인시키기 위한 전술이었다. 총 한 방이면 충분한데도 수십 방을 날리는 확인 사살이었다.

효과는 즉각적이었다. 푸지 씨는 불필요한 모든 것을 생략하고 일을 빨리 끝내기 위해 총력을 다했다. 잡담도 줄이고, 웃음도 줄이고, 앵무새도 팔고, 어머니를 양로원에 보냈다. 시간표를 작성하고 그에 따라 철저히 행동하려 했다. 그렇게 시간 절약만을 향해 질주하는 삶을 살아갔다.

회색 신사의 방법은 간단했다. 시간을 수로 나타내는 게 전부였다. 고객의 편리를 위해 표로 정리해 주는 건 보너스였다. 그렇게 해 주면 사람들은 알아서 변해 갔다. 남은 시간이 없다는 걸 깨달았기 때문이다. 사람들은 회색 신사가 추천하는 방법을 자신이 선택한 것 마냥 받아들이고 적극적으로 바뀌었다. 늦은 만큼 더 열성을 보였다.

표와 수를 이용하는 방식은 우리에게 익숙하다. 무슨 일을 하든지 간에 우리는 남은 시간을 계산해 일정별 시간 계획표를 짠다. 시간을 잘 알고 있기에 그럴 수 있다. 그러나 인류에게도 시간이 신비롭게 여겨지던 시절이 있었다. 시간이 뭔지, 어디서 와서 어디로 흘러가는지 알지 못했다. 시간을 다룰 만한 도구나 방법도 없었다. 그랬던 인간이 시계를 발명했다. 처음에는 해나 물과 같이 자연을 이용했다. 이때의 시간은 일정하지 않고 자연에 따라 변했다. 여름의 한 시간과 겨울의 한 시간은 달랐다. 시간은 여전히 미스터리한 존재였다.

그러다 기계로 만든 시계가 등장하면서 상황은 달라졌다. 태엽과 톱니바퀴로 작동하는 기계 시계에서 시간은 늘 동일했다. 시계가 작고 정교해지면서 정확도는 높아졌다. 예전에는 상상도 못했던 시간을 측정하게 됐다. 우주 탄생의 순간과 우주의 나이도 알아냈다. 인간은 비밀스럽던 시간의 속살까지 샅샅이 둘러보게 됐다.

우리에게 시간은 더 이상 비밀스럽지 않다. 하루는 24시간, 1년은 365일이다. 기술과 도구의 발전으로 맘만 먹으면 어떤 시간이든 측정이 가능하다. 비밀이라 할 만한 게 남아 있지 않다. 시간은 이제 인간의 정복 리스트에 오르게 됐다. 그러니 더 이상 시간에 대해 묻지 않는다. 관심도, 질문도, 의문도 없다. 덩달아 그 의미도 묻지 않는다. 시간은 그저 우리의 삶을 편리하게 해 주는 도구일 뿐이다.

모모는 시간이 참 신비하다고 말한다. 달력과 시계가 있지만 그건 모모에게 그다지 의미가 없다. 달력이나 시계는 시간을 제대로 보여 주지 못한다. 한 시간은 찰나의 순간일 수도 혹은 끝없는 영겁의 시간일 수도 있다.

1시간=영겁=찰나

보통의 시간 개념으로는 말도 안 되는 등식이다. 하지만 시간은 곧 삶이며, 삶은 곧 우리 마음속에 있는 것이기에 모모는 이 등식이 성립한다고 주장한다. 새로운 관점이다.

인간이 시간을 수로 파악하게 되면서 생활이 변했다. 회색 신사 일당은 그 변화를 축소해서 보여 줬다. 모모는 이 과정을 심각하게 바라보며 의문을 제기한다. 현 문명의 병폐는 이 과정에서 비롯됐다. 그러니 문명의 전환 역시 이 지점에서 일어나야 한다. 수가 사라져야 시간도, 삶도, 인생도 되살아날 수 있다.

시간이 궁금해

시간이 수로 표현되면서 시간에 대한 생각은 달라졌다. 수의 성질이 시간에 겹쳐지면서 시간은 수와 비슷한 성질을 갖는 그 무엇이 되어 버렸다.

우리는 시간이 흘러간다고 한다. 시냇물이 흘러가듯 시간도 어제에서 오늘, 미래로 흘러간다. 올해가 2014년이라면 작년은 2013년이었고 내년은 2015년이다. 이런 관계는 수학의 수직선 위에 그대로 표시할 수 있다.

서로 다른 수들은 수직선 위에서 서로 다른 위치를 갖는다. 역으로 위치가 다르면 수 또한 다르다. 서로 다르다는 속성이 시간에 옮겨지면서 2012년과 2013년은 다른 시간이 된다. 과거와 현재, 미래는 각각의 수가 전혀 다른 것으로 구분된다. 따라서 과거, 현재, 미래를 통합적으로 바라볼 시각을 갖기가 어려워졌다.

수많은 위치를 스치면서 어디론가 향하는 수직선에게도 방향이 있다. 0이라는 기준점으로부터 시작해 순서를 따라 수가 커져간다. 시간도 마찬가지다. 시간도 어디서부터인가 시작해 끊임없이 흘러간다. 0과 같은 시간의 기원을 묻게 된다. 무한한 수처럼 시간도 무한히 흘러갈 것만 같다.

모든 수는 위치뿐만 아니라 길이를 갖는다. 2라는 수는 2라는 위치이기도 하지만 2만큼의 길이를 갖는 선분이기도 하다. 시간도 마찬가지다. 시간은 수가 되면서 길이라는 물리량을 갖는 대상이 됐다. 모호하고 측정 불가능해 보였던 시간이 크기를 갖게 됐다. 크기를 갖게 된 시간은 또 하나의 변신이 가능해졌다. 시간을 쪼갤 수 있게 된 것이다. 수학에서 모든 길이는 분할할 수 있다. 쪼개서 다시 더해도 그 크기는 변하지 않는다. 따라서 다음과 같은 등식이 성립한다.

$$10 = 1+9 = 2+3+5 = 1+1+\cdots+1$$

10이라는 크기는 1과 9의 합이자 1을 열 번 더한 합도 된다. 순서를 바꿔도 이 등식은 여전히 성립한다.

부분의 합이 전체와 같아지는 특성을 가진 언어는 수뿐이다. 일반적인 말도, 그림도, 음악도 수처럼 부분을 분할하여 순서를 뒤섞었을 때, 더 나아가 뒤죽박죽 섞어 버렸을 때 전체와 같아지는 경우는 없다. 그렇게 할 경우 전체의 의미는 달라진다. 전체는 단순한 부분의 합과 다르다. 다음 문장을 보면 그 뜻을 쉽게 파악할 수 있다.

나는+수학을+좋아한다

≠ 수학을+나는+좋아한다

≠ 학+는+나+수+좋+다+을+다+한

시간도 분할이 가능하다. 시간이 수로 대체되어 버린 결과다. 하루는 24시간이기도 하고 1,440분이기도 하다. 하루를 구성하고 있는 24시간은 언제나 가치와 의미가 동일하다. 고로 24시간을 어떻게 분할해도 상관없다. 그렇지만 다양한 일정 계획을 세우는 건 가능하다. 어떤 사람은 24시간을 오전, 오후, 밤과 같이 크게 세 부분으로 나눌수 있다. 또 어떤 사람은 24시간을 6시간씩 네 개의 구간으로 끊을수도 있고, 한 시간 단위로 끊어 계획을 세우는 것도 가능하다. 필요에 따라 생각에 따라 마음대로 디자인해도 된다.

시간에 대한 일반적인 관념과 습관은 수의 성질을 바탕으로 한다. 수라는 안경을 착용하고 시간을 보게 됐기에 수가 보여 주는 모습으로 시간을 본다. 수 때문에 시간을 더 뚜렷하게 보게 됐지만, 오히려 수에 의해 굴절된 모습으로만 보게 됐다.

하나의 대상을 수로 보는 것과 수 없이 보는 것은 천지차이다. 이런 대립은 《모모》의 등장인물에 그대로 반영돼 있다. 모모와 회색 신사는 싸울 수밖에 없는 운명에 놓여 있다. 그런 만큼 수를 둘러싼 그들의 관계 역시 대립적이다. 모모는 수에 대해 배운 적이 없어서 아예 모른다. 하지만 회색 신사는 그들의 활동에 수를 철저히 이용한다. 이미지에 맞게 캐릭터를 설정한 작가의 안목이 돋보인다. 회색 신사와의 싸움에서 모모를 도와주는 동물을 거북이로 설정한 것도 인상적이다. 거북이는 느린 동물이다. 신속·정확을 중시하는 사회에서 거북이는 한참 뒤떨어진 존재다. 하지만 작가는 그 거북이로 하여금 시간 전쟁을 승리로 이끄는 다리 역할을 맡게 했다. '느리게 갈수록 빠르다'라는 엉뚱한 메시지도 남겼다.

시간을 달리 보라! 작가가 독자들에게 던지는 메시지다. 그는 시간에 대해 다른 생각을 갖고 있었기에 시간이 무엇이냐는 질문을 여러 번 던진다. 쪼개고 분할 가능해 과거, 현재, 미래마저도 구분된 시간. 물리적인 크기로만 여겨지는 시간에 대해 재해석할 것을 권유한다.

시간에 대한 재해석은 수에 대한 재해석을 요구한다. 시간에 대한 기존의 이미지는 수의 입장에서 보면 유리수를 기반으로 했다. 유리수이기에 크기를 가지고 분할이 가능하다. 그러나 유리수가 수의 전부는 아니다. 유리수가 아닌 대표적인 수로 무리수가 있다. 무리수에 입각해서 수를 보는 것만으로도 시간의 이미지는 달라진다. 무리수는 크기를 알 수 없다. 정확한 측정이 불가능하여 알아낼 수 있는 건 근삿값뿐이다. 시간을 무리수로 보면, 시간은 우리가 가까이 접근할 수만 있을 뿐 궁극적으로는 미지의 대상이다. 무리수적 접근은 시간을 근본적으로 달리 보게 해 준다. 무리수는 분할할 수 없다. 무리수는 수가 연속적일 수 있게 해 주는 결정적인 요소다. 유리수가 수를 분할하게 해 주는 요소라는 점과 정반대이다. 고로 무리수는 시간을 통합적이고 연속적으로 보게 하는 근거를 제공한다. 깊은 탐색이 필요한 지점이다.

모모는 결국 회색 신사를 물리치고 문명의 파도에 허덕이던 인류를 구해 낸다. 사람의 마음속으로 시간은 다시 들어가고, 사람들은 시간에 쫓기지 않고 충분한 시간을 누린다. 모모는 수를 거부함으로써 수를 극복했다. 그런데 우리는 수를 거부하기가 쉽지 않다. 수가 이미 우리 안에 깊숙이 자리 잡고 있기 때문이다. 수를 거부한다는 건 우리의 삶을 거부하는 것이 되어 버렸다. 그런 맥락에서 《모모》의 결론은 너무나 이상적인 해피 엔딩이다. 모모가 우리의 구원자가 될 수 있을지 의문스럽다. 문명의 폐해를 예리하게 파헤친 앞부분에 비해 헐거운 느낌이 들기도 한다.

운명을 거부할 수 없다면 운명을 기꺼이 받아들여야 한다. 유쾌하게 받아들일 수 있다면 더 좋다. 수 역시 마찬가지다. 수로 대체되면서 고정되어 버린 주위의 존재들을 달리 보는 것은 의외로 쉽다. 수만 돌려 버린다면 수에 따라 모든 것도 돌아가게 된다. 수에 대한 재탐색이 필요한 시점이다.

18

다빈치가 남긴
수학 코드를 찾아라

●

《다빈치 코드》
교사 출신의 미국 작가 댄 브라운이 쓴 추리 소설.
루브르박물관에서 일어난 살인 사건을 계기로 레오나르도 다빈치의
그림에 숨겨진 암호를 풀며, 기독교를 둘러싼 비밀에 접근하는 이야기이다.
2003년 출간 이후 전 세계적인 베스트셀러가 되었으며, 종교계와 갈등을 겪기도 했다.

레오나르도 다빈치의 수

예수는 역사상 가장 많은 추종자를 거느렸던 사람 중 하나이다. 추종자 대부분은 그를 인간이 아닌 신으로 섬긴다. 신이란 인간적 결함이나 갈등, 고통의 바다 너머에 있는 존재다. 이기적인 욕심이나 육체적 쾌락, 성적 욕망 같은 인간적인 요소와는 거리가 멀다. 예수의 그런 이미지는 2000년 가까운 세월의 파도에도 끄떡없이 유지되고 있다. 그런 예수가 결혼을 했고 자식까지 둔 남성이었다면 무슨 일이 벌어질까? 추종자들의 실망이 이만저만이 아닐 것이다. 신인 줄 알았던 예수가 평범한 사람이었다는 이야기가 되니까 말이다. 더군다나 기독교가 그 사실을 알고도 은폐해 왔다면, 추종자들은 예수와 기독교를 가차 없이 버릴 게 뻔하다.

《다빈치 코드》는 이 '만약'을 스토리로 삼았다. 《다빈치 코드》에서는 예수의 본 모습을 알리려는 '시온수도회'와 이들의 시도를 막으려는 '오푸스데이'의 싸움이 시종일관 지속된다. 오푸스데이는 예수에 대한 정보를 간직한 성배를 차지하려고 움직이고, 시온수도회의 최고 수장인 그랜드 마스터까지 죽여 버린다. 그랜드 마스터는 죽기 전 자신의 손녀 소피에게 위험을 알리며 못다 전한 메시지를 남긴다. 이 메시지를 받고 암호 해독가인 소피와 로버트 랭던이라는 기호학자가 퍼즐을 풀듯이 그 죽음을 둘러싼 음모를 밝혀 간다.

이 책에서 '상징'은 사건의 전개를 이끌어 가는 핵심 요소다. 그랜드 마스터는 손녀에게 모든 것을 직접적으로 밝힐 수 없었다. 그러면 경찰과 적들에게도 정보가 넘어가기 때문이다. 모든 메시지는 상징을 통해 전해졌다. 그가 죽으면서 남긴 암호나 몸의 자세, 피로 새긴 정오각형 등이 그것이다. 경찰은 보이는 대로 판단하지만 주인공들은 그게 상징임을 알아채고 의미를 풀어 간다. 다빈치는 할아버지와 손녀를, 삶과 죽음을 이어 주는 매개체였다.

《다빈치 코드》에서는 다빈치 역시 시온수도회의 그랜드 마스터로 설정되어 있다. 그 역시 상징을 통해 시온수도회의 메시지를 남겨 두었는데 적을 따돌리면서 제 갈 길을 가기 위해 어쩔 도리가 없었다. 〈암굴의 성모〉, 〈최후의 만찬〉, 〈모나리자〉에 그가 남긴 비밀이 숨어 있다.

《다빈치 코드》에서는 일반적인 해석과는 무척이나 다른 새로운 해석을 제시한다. 너무나 그럴듯해서 그 해석이 맞을 수도 있겠다 싶다. 다른 해석이 가능한 이유는 다빈치가 정교한 계산을 통해 다양한 요소를 작품 속에 담아 놓았기 때문이다. 덕분에 모나리자의 미소처럼 다양한 해석이 가능하다. 다빈치를 제대로 아는 자만이 상징이라는 가시울타리가 둘러싸고 있는 진실에 다다를 수 있다.

다빈치는 화가이자 조각가였으며 동시에 발명가, 해부학자, 지도 제작자, 건축가, 식물학자였다. 모든 방면에 두루 뛰어난 만능인, 르네상스적 인간의 전형이었다. 심지어 그는 수학에도 관여했다. 다빈치가 손대지 않은 분야는 거의 없었는데, 그중에서도 회화를 으뜸으로 쳤다. 조각이나 발명, 건축을 하더라도 우선 머릿속 이미지를 표현해야 하는데 그게 회화이기 때문이다. 다빈치는 시인이 자유롭게 허구를 만들어 내더라도 그림만큼 인간을 만족시키지는 못한다고 평가했다. 역사학자나 수학자라 하더라도 보지 않은 것을 글로 쓸 수는 없다. 그렇지만 화가는 붓 하나로 쉽고 완벽하게 이야기할 수 있다.

수학도 회화에 포함되는 것이라고 다빈치는 생각했다. 화가에게는 수학적 지식이 필요했다. 그 중에서 가장 중요했던 게 비율과 비례였다. 그는 그림을 배우려는 자는 먼저 원근법을 배우고, 다음

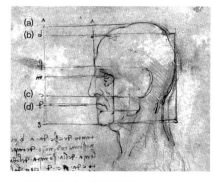

| 비율과 비례를 다룬 다빈치의 습작 |

으로 대상들 간의 비율을 배우라고 조언했다. 앞의 그림은 사람의 두상 비율을 보여 준다. 그림 옆에는 'a와 b사이의 길이(정면의 머리카락 뿌리에서부터 정수리까지)는 c와 d사이의 길이(코끝에서 입술이 만나는 부분까지)와 같다'는 설명이 있다. 여기서 다빈치가 알파벳을 거울에 비친 모양으로 표기했다는 사실을 기억하라. 그림의 d는 실제 b를 의미한다.

다빈치는 빛의 효과에 대해서도 치밀하게 분석하고 계산했다. 모든 물체는 빛과 그림자로 둘러싸여 있는데 그림자란 빛이 없는 상태를 말한다. 결국 빛이 얼마나 존재하느냐에 따라서 명암은 달라지고, 그 달라지는 정도를 그림으로 엄밀하게 표현해야 했다. 옆의 그림을 보자. 창문을 통해서

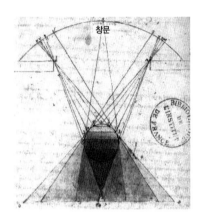

| 빛과 그림자를 다룬 다빈치의 습작 |

빛이 들어오고 있다. 다빈치는 빛을 받은 구형의 물체를 다섯 부분으로 나눠 놓았는데, 창문 반대쪽으로 갈수록 어두워지고 있다. 맨 앞에 있는 구역이 창문을 마주 보고 있어서 가장 밝고, 맨 뒤에 있는 구역이 가장 어둡다. 명암의 정도는 태양 광선의 반사에 의해 결정된다.

다빈치는 눈으로만 사물을 보지 않았다. 기하학적인 기법과 원리를 바탕으로 깊게 생각하며 따졌다. 거리나 빛의 정도에 비례해서 명암의 정도를 달리 했고, 형태나 윤곽, 경계에 이르기까지 하나하나

검토했다. 기하학을 그림에 활용한 그는 원근의 모든 경우를 다섯 가지의 수학 용어로 정리했다. 점, 선, 각, 표면 그리고 입체가 그것이다. 원근법이란 입체를 평면에 보이게 하는 비법이다. 모든 시각적 정보는 빛을 통해 눈으로 모아지기 때문에 원근법은 한 점에서 끝난다. 또 사물의 경계는 선인데, 이 선이 만나서 점, 각, 면이 형성된다. 그는 수학적 개념으로 그림의 방법을 설명했다.

다빈치는 상당히 이론적이었다. 원근법에 대한 설명이나 스케치를 보면 용어나 개념 등이 꽤 학문적이다. 게다가 설명 과정에서 a, b, c 같은 문자를 주로 사용하는데 이러한 수학이 대수학이다. 서양에서 대수학이 본격적으로 발달한 것은 16세기 후반부터였다. 대수가 아라비아를 통해 그 이전에 전래됐다지만 다빈치가 그런 대수를 사용했다는 것은 당대의 수학에 조예가 깊었다는 걸 보여 주는 증거이다.

그러나 다빈치 혼자만의 경험과 연구의 결과라고 보기는 어렵다. 다른 수학자와의 교류가 있었을 법하다. 사실 다빈치가 당대의 수학자에게 가르침을 받았던 특별한 시절이 있었다. 그는 1482년부터 1499년까지 밀라노에 머물렀는데 이때 수학을 제대로 접할 기회가 찾아왔다. 다빈치는 1496년에 당대의 수학자이자 수도사였던 파치올리를 만나게 된다.

파치올리는 복식 부기(複式簿記)[30]의 창시자로도 유명하다. 그는 화

---

30 재산과 자본. 쌍방의 변동을 명확히 하기 위해, 거래가 발생할 때마다 어느 한 계정의 차변(借邊)과 다른 계정의 대변(貸邊)에 반드시 같은 금액을 기록하는 회계 방식. 모든 금액이 이중적으로 기입되기 때문에 복식 부기라고 하며, 단식 부기에 대응되는 개념이다.

가인 피에로 프란체스카(Piero Francesca)에게 수학과 원근법을 배웠다. 파치올리는 두 권의 저작을 남겼는데 그중 1494년에 발표한《수학, 기하학 그리고 비례법 전서》는 당대의 모든 수학적 성과를 집대성한 책이었다. 두 사람은 친해졌고 교류를 통해 서로의 지식과 아이디어를 나눴다.

| 〈루카 파치올리의 초상〉 |

| 다빈치가 그린 준정다면체 |

　베네치아 출신의 화가 야코포 바르바리(Jacopo Barbari)는 수학을 가르치는 파치올리의 모습을 그렸다. 파치올리는 왼손으로 유클리드의《원론》을 누르고 있으면서 오른손으로 도형을 그리고 있다. 책상 위에는 컴퍼스와 정십이면체를 포함한 각종 도구들이 널려 있다. 좌측 위에 매달려 있는 준(準)정다면체는 물이 반쯤 차 있는 이십육면체다. 파치올리는 1509년에《신성한 비례》라는 두 번째 책을 출간했다. 다빈치가 이 책에 기하학 도형을 그려 주었는데, 왼쪽 그림에 있는 준정다면체도 거기에 포함되었다.

다빈치는 파치올리의 가르침을 통해 유클리드 기하학과 황금비를 배웠다. 이 지식은 다빈치의 그림과 이론에 절대적인 영향을 끼치게 된다. 유클리드 기하학은 빛의 효과나 원근법을 설명할 때, 황금비를 포함한 다양한 비 역시 사물을 분석하거나 원근법을 적용할 때 유용하게 사용되었다.

"빛은 일직선으로 이동한다!"

다빈치는 원근법을 설명하면서 이 사실을 공리로 채택했다. 유클리드의 영향을 받았음을 보여 주는 증거다. 점, 선, 면에 대한 정의도 유클리드 식이었다. 점은 높이나 넓이, 깊이가 없으며 점이 이동하여 선이 된다고 보았다. 그는 메모에서 비의 개념을 설명하는 《유클리드》 5권의 첫 명제에 대해서도 언급했다. 수학을 꽤나 공부했었던 게 틀림없다.

다빈치는 천재였기 때문인지 수학을 깊이 이해했고, 그리스의 수학 천재였던 아르키메데스의 업적에 대해서도 평가했다. 그는 '원적 문제'[31]를 언급하면서 아르키메데스가 이 문제를 풀지 못했다고 했다. 대신 아르키메데스는 원을 잘게 쪼개서 넓이를 구하는 '구적법'을 제시했다고 밝혔다. 또 그 이전 사람들은 바퀴를 회전시켜 거리를 측정할 줄은 알았지만, 그걸 통해 원의 둘레에 대한 지식을 얻어 내지는 못했다고 지적했다. 다빈치도 원적 문제에 관심이 있었다. 그의 〈인체 비례도〉를 보면 원과 정사각형이 교차되며 그려져 있다.

---

31 주어진 원의 넓이와 같은 넓이를 갖는 정사각형을 작도하는 문제. 1882년 작도가 불가능함이 증명되었다.

결국 다빈치는 독자적인 성과를 일구어 냈다. 피타고라스 정리를 그만의 방식으로 증명한 것이다. 넓이와 이동을 바탕으로 한 증명법이었다. 직관적으로 이해하기 쉬운 방법이니 함께 확인해 보자.

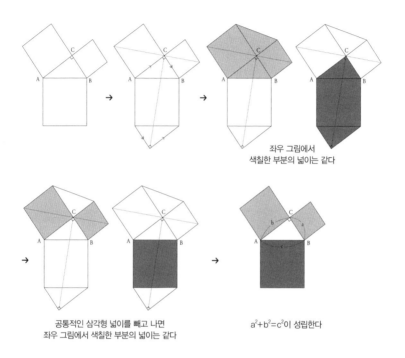

좌우 그림에서
색칠한 부분의 넓이는 같다

공통적인 삼각형 넓이를 빼고 나면
좌우 그림에서 색칠한 부분의 넓이는 같다

$a^2+b^2=c^2$이 성립한다

| 다빈치가 증명한 피타고라스의 정리 |

다빈치의 작품은 아름답고 황홀할 뿐만 아니라 놀랍다. 보는 이로 하여금 작품 자체가 주는 감동에 푹 젖게 한다. 그러나 그의 작품을 예술적 코드로만 접근한다면 다빈치는 아마도 많이 아쉬워할 것이다. 다빈치의 작품에는 그가 평생 동안 관찰하고 연구한 지식과 통찰

그리고 메시지가 담겨 있다. 그의 작품 하나하나는 말 그대로 '다빈치 코드'다. 그 코드는 수학을 밑바탕에 깔고 만들어졌다. 다빈치는 "수학을 모르는 자는 내 저작을 읽어서는 안 된다"[32]는 말을 남겼다. 수학으로 일구어 낸 그의 성과와 작품을 제대로 평가해 주기를 바라는 마음이 아니었을까? 상징이라는 자물쇠는 규칙과 패턴이라는 열쇠를 쥔 자만이 열 수 있다. 규칙과 패턴 하면 수학이다. 고로 다빈치 코드는 수학 코드다.

피보나치 수열과 모나리자

13-3-2-21-1-1-8-5
오, 드라콘 같은 악마여! (O, Draconian devil!)
오, 불구의 성인이여! (Oh, lame saint!)
P.S. 로버트 랭던을 찾아라[33]

이 메시지로부터 다빈치 코드는 시작된다. 이 메시지를 전해 받은 소피는 할아버지가 자신에게 남긴 메시지라는 걸 알아차리고 랭던을 찾아 나선다. 경찰의 포위망을 뚫고 접선한 두 사람은 메시지 첫 문장의 수열이 피보나치 수열[34]의 재배치임을 알아챈다. 그렇게 중

• • • • • • • • •
32 레오나르도 다빈치, 《레오나르도 다빈치 노트북》, 김민영 외 옮김, 루비박스(2006), 25면.
33 댄 브라운, 《다빈치 코드 1》, 양선아 옮김, 대교베텔스만(2005), 70면.

간의 두 줄도 철자를 재배치했더니 다음과 같은 문구가 드러났다.

Leonardo da Vinci! The Mona Lisa!

그때부터 이야기는 다빈치에게로 옮아간다. 다빈치의 그림을 살피자 거기에는 백합 문양의 열쇠가 숨겨져 있었다. 주인공들은 스위스 취리히 은행의 열쇠임을 알아내고, 피보나치 수열을 통해 은행 금고의 비밀번호까지 맞추어 크립텍스(Cryptex)[35]를 얻게 된다. 주인공들은 크립텍스 안의 파피루스를 얻기 위해 이번에는 뉴턴이 묻혀 있는 성당으로 간다. 그곳에서 'apple'이라는 코드를 얻고 성배가 있다는 스코틀랜드의 로슬린 성당으로 또 이동한다. 로슬린 성당에서 소피는 죽은 줄 알았던 가족을 만난다. 소피의 할머니로부터 전해 들은 말을 통해 랭던은 성배가 묻혀 있는 장소를 결국 찾아낸다. 길고 복잡했던 문제는 이렇게 풀렸다.

이 문제의 출제자는 소피의 할아버지였다. 그는 자신의 몸 자체를 문제지로 삼아, 여러 단계를 거쳐서 정답에 이르도록 문제를 복잡하게 비꼬아 놓았다. 단계를 거치면서 문제는 새로운 문제로 바뀐다. 각 단계는 형태와 모양이 다를 뿐 동일한 정답의 다른 표현이었다.

••••••••
34 앞의 두 수의 합이 바로 뒤의 수가 되는 수열. 예를 들어 0, 1, 1, 2, 3, 5, 8, 13, 21, 34, 55, … 으로 진행되는 수의 배열을 말한다.
35 다섯 개의 알파벳 다이얼이 적힌 원통형 상자. 알파벳 다섯 개를 정확한 순서로 맞춰야만 안에 들어 있는 메시지가 적힌 파피루스를 꺼낼 수 있다. 억지로 열려고 하면 안에 들어 있던 식초병이 깨지면서 파피루스를 녹여 메시지도 사라진다.

《다빈치 코드》의 전개 방식은 매우 수학적이다. 수학은 문제를 풀어 가는 학문이라고 불린다. 틀린 이야기가 아니다. 하지만 수학의 진정한 힘이나 매력은 답에 있지 않다. 답에 이르는 그 과정에 있다.

수학의 최대 능력은 변환 능력이다. 어려워 보이는 문제, 해법이 떠오르지 않는 문제를 적절하게 바꿈으로써 해법을 찾게 해 준다. 바로 풀리지 않는 문제도 단계를 밟아 치환하고 변환한다. 그러면 신기하게도 해당 문제의 해법이 싹 떠오르게 된다. 답은 변환 능력의 결과물일 뿐이다.

'(x - 1)(x - 2)(x - 3)(x - 4)=3'이라는 방정식을 푼다고 하자. 무턱대고 전개하면 4차 방정식이 되어 버려 풀기가 더 곤란해진다. 이럴 때 우리는 치환을 통해서 방정식의 형태를 바꾼다.

$$(x - 1)\underline{(x - 2)}(x - 3)\underline{(x - 4)} = 3$$

곱셈의 순서를 바꾼다

$$\Rightarrow (x - 1)(x - 4)(x - 2)(x - 3) = 3$$

두 개씩 묶어 식을 전개한다

$$\Rightarrow (x^2-5x + 4)(x^2-5x+6) = 3$$

x^2-5x를 t로 치환한다

$$\Rightarrow (t + 4)(t + 6) = 3$$

$$\Rightarrow t^2 +10t + 24 = 3$$

$$\Rightarrow t^2 + 10t + 21 = 0$$

$$\Rightarrow (t + 3)(t + 7) = 0$$

t를 $x^2 - 5x$로 다시 바꾼다

$$\Rightarrow (x^2-5x + 3)(x^2-5x + 7) = 0$$

식을 이렇게 바꾸면 방정식이 풀린다. 이 문제의 경우 답은 제곱근이 들어간 4개의 수이다. 맨 마지막 식은 처음에 주어졌던 식과 모습이 다르지만 등호(=)로 연결된 같은 식이다. 고로 맨 마지막에 도출된 답은 처음 주어졌던 식의 답과 동일하다. 이처럼 등호로 치환해 가는 과정이 수학의 멋진 기법이다.

수학은 탁월한 변환자다. 인류는 수학의 변환 능력의 덕을 톡톡히 봤다. 사물의 많고 적음을 알고 싶어 했던 인류는 사물의 크기를 수로 변환했다. 그러자 사물의 크기가 한눈에 들어오게 됐다. 양과 크기가 얼마나 변했는지, 어느 정도의 양이 필요한지 궁금해 하던 인류는 계산이라는 변환을 통해 문제를 풀어 나갔다. 실용적인 문제부터 지적 호기심에서 비롯된 모든 영역에 이르기까지 인류는 변환을 통해 풀어야 할 문제를 척척 해결해 왔다.

수학에서 변환의 첫 출발점은 문제를 만들어 내는 것이다. 우리는 문득문득 해결해야 할 여러 문제에 부닥치게 되지만 뭐가 문제인지 아리송하고 모호할 때도 많다. 그래서는 결코 문제가 해결되지 않는다. 문제를 정확히 규정해야 비로소 해법을 모색할 수 있는 진짜 문제가 된다. 소피의 할아버지가 암호를 통해 무엇이 문제인지를 명확히 남겼던 것처럼 말이다. 수학의 위대한 여정은 문제 상황을 풀이가 가능한 문제로 변환하는 데에서 시작된다.

누구의 땅이 더 크고 넓은지 궁금해 하던 고대인들은 그 상황을 고민했다. 그러다 넓이라는 개념과 공식을 고안했다. 크기 비교 문제가 넓이 문제로 변환되자 문제는 술술 풀려 갔다. 최근에 해결된 '푸앵카레 추측'[36]도 우주의 모양과 관계돼 있다. 이 문제는 보기에도 어렵고, 상상해도 어려운 우주의 모양을 명확한 문제로 변환한 기막힌 경우다.

문제의 풀이 과정에서 변환 능력은 더욱 더 요구된다. 수학자로서 명성을 날린 사람은 모두 탁월한 변환 능력을 보여 준 인물이었다. 피타고라스는 도형의 변환을 통해서 피타고라스 정리를 증명했다. 아르키메데스는 원의 변환을 통해서 미해결 문제였던 원주율과 원의 넓이 공식을 유도했다. 뉴턴은 지금의 미분인 '유율법(流率法)'이라는 변환 기법을 고안해 사물의 순간 속도를 알아내는 쾌거를 올렸다.

4색 문제의 풀이는 수학의 변환 능력이 얼마나 대단한가를 잘 보여 줬다. 4색 문제란 어떤 지도의 한 영역을 한 가지 색으로 칠하되, 이웃하는 부분과 색이 겹치지 않게 칠하려면 네 가지 색으로 충분하다는 추측이었다. 이 문제는 컴퓨터에 의해서 증명이 됐지만, 그게 가능했던 건 수학의 변환 능력 때문이었다. 우리가 그릴 수 있는 지도의 모양은 무한히 많다. 고로 가능한 패턴도 무한하리라 생각된다. 그러나 수학자들은 모양은 무한하지만 패턴은 1,936개의 경우로 유한하다는 걸 밝혔다. 변환을 통해 무한을 유한으로 바꿔 버렸다.

변환에 대한 수학의 집요함은 무한마저도 활용해 볼 용기를 내게

36 1904년 앙리 푸앵카레(Henri Poincaré)가 발표한 논문에 처음으로 등장하는 추측. 어떤 하나의 밀폐된 3차원 공간에서 모든 밀폐된 곡선이 수축되어 하나의 점이 될 수 있다면 이 공간은 반드시 구가 될 수 있다는 내용이다. 추측이 제기된 이래 100여 년이 지난 2003년, 러시아의 수학자 그리고리 페렐만(Grigori Perelman)에 의해 증명되어 밀레니엄 문제 중 최초로 해결되었다.

했다. 무한은 끝이 없어서 세는 것도, 계산하는 것도 모두 불가능할 것 같다. 하지만 수학자들은 무한마저도 계산해 냈다. 무한급수, 미분과 적분이 대표적이다. 얼마나 변환하고 싶었으면 무한에도 손을 댔겠는가? 그 맘이 갸륵해서인지 인류는 결국 무한에 관한 상당한 지식과 기법을 터득했다. 변환 능력을 들이밀자 어둠 속에 방치되어 있던 미지의 땅이 계산 가능한 수학의 영역으로 들어왔다.

2.34와 같은 소수는 분수를 십진법의 분수로 바꿔 표현한 수였다. 이때 1/3과 같은 분수는 뭘 곱해도 분모가 10, 100, 1,000인 십진분수가 될 수 없다. 하지만 사람들은 분수를 소수라는 통일된 단위로 사용하고 싶었다. 그래서 1/3과 같은 분수를 그냥 내버려 둘 수 없었다. 수학자들은 무한을 활용하여 기어이 1/3을 소수로 변환시켰다. 무한히 오차를 줄이면 사실상 오차가 없는 것과 같다는 논리를 이용한 것이다.

20세기 수학계의 최대 사건이었던 '페르마의 마지막 정리' 증명. 이 사건은 20세기가 끝나 갈 무렵 영국의 수학자 앤드류 와일즈(Andrew Wiles)에 의해서 해결됐다. 페르마의 마지막 정리는 원래 정수론 문제였는데 350년 가까이 풀리지 않는 난제였다.

$a^n + b^n = c^n$ (n이 3이상의 정수일 때 이 식을 만족하는 a, b, c는 존재하지 않는다)

와일즈는 이 문제를 증명하기 위해 변환 능력을 사용했다. 그는 정수론 문제를 모듈러 곡선(modular curve)으로 변환하여 증명에 성공했다. 변환을 통해 난제를 해결한 것이다.

변환을 잘하면 불가능했던 것도 가능해진다. 동일한 문제인데 어떻게 하느냐에 따라 풀리기도 하고 안 풀리기도 하다니, 참 신기하다!

다빈치도 수학을 변환자로 사용했다. 그는 실물이든 아이디어든 그것을 실제처럼 묘사하고 싶었다. 보고 상상한 것을 진짜 사물처럼 보여 주고 싶었다. 그림이지만 살아 움직이는 순간을 그대로 옮겨 놓은 듯한 효과를 노렸다. 겉모양뿐만 아니라 대상의 느낌이나 감정, 심지어는 영혼의 울림마저도 담고 싶었다. 그러기 위해서는 변환자가 필요했다.

다빈치는 우선 대상을 자세히 관찰하고 분석했다. 그는 사물의 규칙이나 질서를 파악해 이를 따라 대상을 화폭에 그대로 옮겨 놓고자 했다. 이 정도쯤 되려면 화가는 단순한 장인이 아니라 만능인이 돼야 했다. 그는 생각 없이 연습으로만 그림을 그리는 화가를 경멸했다. 그런 화가는 자기가 그리는 게 뭔지도 모르고 사물을 거울처럼 비출 뿐이라고 경고했다. 수학은 다빈치의 꿈을 실현시켜 줄 변환자였다. 다빈치는 수학을 통해 규칙을 파악했고, 이미지를 그림으로 표현했으며, 구체적인 방법을 설명했다.

지금 이 시대에 변환 능력은 더 중요해지고 있다. 변환 능력의 다른 이름은 모방 능력이 아니라 창의력이다. 기존의 것을 어떻게 변화시켜 갈 것인가가 창의력의 핵심이다. 그런 면에서 수학은 더욱 쓸모가 있다. 다빈치처럼 우리도 대상을 바꾸고 변환해 가는 연습과 시도를 이어가야 한다. 필요하다면 수학도 써먹어 가면서!

한 가지만 기억하자. 변환의 방법은 많다. 피타고라스의 정리를 해결한 증명법만 거의 400개가 된다는 게 그 증거다. 변환의 방법을 찾는 순간에 남을 쳐다보며 시간을 보낼 필요 없다. 변환의 실마리는 자신에게 있다. 자신을 믿고 기다리면 누구도 상상하지 못한 방법이 떠오를 것이다.

19

9와 3/4 승강장을 찾아서

《해리 포터》
영국의 작가 조앤 롤링이 지은 판타지 소설.
주인공 해리 포터가 마법 학교인 호그와트에 입학하여 사악한 마법사 볼드모트에게
맞서는 이야기이다. 1997년 제1권 《해리 포터와 마법사의 돌》을 시작으로 2007년
제7권 《해리 포터와 죽음의 성물》로 완간될 때까지, 《해리 포터》 시리즈는
전 세계 67개 언어로 번역되어 총 4억 5천만 부 이상 판매됐다.

9와 3/4의 승강장

해리 포터는 미운 오리 새끼였다. 해리는 더즐리 이모네 집에 얹혀살면서 갖가지 구박을 받으며 자랐는데, 지극히 정상적인 것을 자랑스럽게 여기는 더즐리 부부는 해리를 혐오했다. 마녀였던 여동생의 아들인데다 이따금씩 사물이 달리 움직인다고 얘기했기 때문이다. 더즐리 부부의 아들이자 해리의 사촌 두들리는 늘 해리를 골탕 먹이고 괴롭혔다. 해리는 벽장 속에서 잠을 잤고, 두들리의 낡은 옷을 물려받아 입었으며, 외출 한번 제대로 못했다. 아무 것도 묻지 말고 있는 듯 없는 듯 살아가기를 강요받았다.

그런데 열한 번째 생일을 앞두고 수상한 편지가 날아오면서부터 해리의 삶은 변한다. 그 편지는 바로 마법 학교의 입학 초대장이었다. 알고 보니 해리는 마법 세계에서 이미 유명 인사였다. 그의 부모는 최고의 마법사였으며, 해리 자신은 갓난아기였을 때 볼드모트라는 사악한 마법사를 물리쳤던 것이다. 가족과 자신에 대해 알게 된 해리는 9와 3/4 승강장에서 마법 학교로 가는 기차를 타고 새로운 삶을 찾아 떠난다. 그는 최고의 마법사로 성장하여 결국 백조가 된다.

《해리 포터》이야기는 판타지 소설이다. 이 소설에는 숫자 12의 흔적이 종종 보인다. 12진법의 전통이 있는 영국이 배경이기 때문일까? 우선 해리를 더즐리 부부에게 맡기러 온 덤블도어 교수는 가로등 끄기를 12번 반복했다. 교수들끼리의 대화에서는 마법 세계에서 11년 동안 축하할 일이 없었다며, 12년째인 만큼 축제의 기분에 젖을 만하다고 말한다. 또 덤블도어 교수는 용의 피를 사용하는 방법을 12가지 발견한 바 있다.

수학이란 말이 등장하는 장면은 다소 우습다. 해리를 마법 학교에 데려가려던 해그리드는 해리가 아무 것도 모르고 있다는 사실을 알게 되고, 그 지경을 만든 더즐리 부부에게 화를 내며 으르렁거렸다. 심지어 마법을 사용해 두들리에게 돼지 꼬리를 만들어 버렸다. 해리는 해그리드의 말과 행동이 조금지나치다고 생각했다. 그래서 해그리드에게 "조금은 안다"고, "수학도 할 수 있다"고 말했다. 나름 공부했다는 징표로 수학을 내세운 것이다.

수학 문제라 할 만한 것 하나가 등장한다. 해리는 친구들과 마법사의 돌을 지키기 위하여 나서던 중 특별한 문제와 마주쳤다. 일종의 논리 문제였다. 일곱 개의 병에 세 개는 독약, 두 개는 술, 나머지 두 개는 불을 뚫고 지나가게 해 주는 약이 들어 있다. 네 개의 힌트를 가지고 어느 병을 선택해야 하는지를 맞춰 보라는 문제가 바로 그것이다.

현실과 마법, 두 세계를 배경으로 《해리 포터》는 전개된다. 그런데 작품에서 그려진 두 세계의 관계는 현실과 수학의 관계와 정말 비슷하다. 마법의 자리를 수학으로 대체해도 될 정도다. 《해리 포터》는 거시적 관점에서 수학이 어떤 세계인지 간접적으로 읽을 수 있게 해 준다.

마법 세계는 현실과 다르다. 현실에서는 사진과 신문이 움직이지 않지만, 마법 세계의 사진이나 신문은 동영상처럼 움직인다. 현실에서 사물은 고정되어 있지만, 마법 세계에서는 변형이 얼마든지 가능하다.

수학도 현실 세계와 다른 건 마찬가지다. 현실 세계에서 자기 자신, 동생, 아빠, 엄마, 친구 모두는 각기 다른 존재다. 모습도 성격도 마음의 결도 다른 완벽한 타자(他者)다. 우리는 사람과 끊임없이 부딪친다. 타자를 신경 써야 하고, 사람과의 관계를 의식하고 한 걸음 한 걸음 걸어가야 한다. 그렇지 않으면 뒤통수를 맞는 일이 벌어질지도 모른다.

하지만 수학에서 우리들은 모두 1이다. 이곳에서 차이는 사라진다. 한 걸음마다 두들겨 보며 확인할 필요가 없다. 좀 더 빠르게, 때로는 날아다니는 것도 가능하다. 그런 비상을 통해 수학은 자연과 우주, 때로는 사회의 비밀 그리고 규칙과 패턴이라는 신비를 맛보게 해 준다.

마법 세계는 생각이 현실이 되는 세계다. 빗자루를 타고 날아 다니고, 투명 망토를 입으면 모습이 사라진다. 소망의 거울은 자신이 소망하는 모습을 그대로 보여 준다. 간단한 주문만 잘 외우면 사람을 못 움직이게 하는 것도, 연회장의 분위기를 순식간에 바꾸는 것도 가능하다. 유니콘, 용, 마녀, 켄타우로스와 같은 상상의 존재가 살아 움직인다. 중요한 건 생각이다. 생각에 따라 사람의 모습도 극적으로 묘사된다. 의인은 더욱 의인답고, 악인은 더욱 악인다운 모양새를 취한다. 해리는 더욱 착하고 의로운 인물이 되어 가고, 악인은 갈수록 잔인하고 사악해진다. 생각이 여과 없이 그대로 드러나기 때문이다.

현실에서는 몸이 강력한 힘을 발휘한다. 몸은 물리적 법칙을 따라 움직인다. 그 몸은 생각에도 영향을 미친다. 몸을 따라 보고 들은 대로 생각하기 십상이다. 다른 생각을 품더라도 그저 생각만 할 뿐 온전히 드러내기 어렵다. 소수의 천재나 영웅, 미친 사람만이 특이한 생각을 고집하며 살아간다.

수학에서 중요한 건 생각이다. 아이디어가 수학의 전부다. 수로 인해 수학은 시작됐다. 그런데 수 자체가 몸과 다른 생각에서 출현했다. 모양은 다르지만 같은 부류의 사람이고, 나무이고, 돌멩이라는 생각 때문에 수를 셀 수 있었다. 사칙 연산의 규칙이나 삼각형의 성질, 피타고라스의 정리 등은 생각을 따라 등장한 문제였다. 그 문제를 정리하고 규명한 것도 생각이었다. 다양한 생각이 답으로 제기됐고, 가장 엄밀하고 단순하며 아름다운 생각이 정리나 증명으로 자리 잡았다.

생각을 따라 발전해 온 수학. 이제 수학은 생각의 자유가 무한정 보장되는 마법 세계가 됐다. 생각만이 명함을 내밀 수 있는, 가장 극단적인 생각의 세계다. 현실에서 0보다 작은 크기는 없지만 수학에서는 음수가 존재한다. 허수나 복소수(複素數)[37], 비유클리드 기하학과 같은 비현실적 세계는 수학을 넓혀 온 일등 공신이었다. 생각하는 모든 것이 존재하는 마법의 세계다.

마법 세계는 희한한 일이 자연스럽게 일어나는 공간이지만 무질서한 세계는 아니다. 규칙이 다른 세계이지 아무런 규칙도 없는 건 아니다. 생각이 현실화되는 공간이지만 거기에도 나름의 규칙이 있다. 마법이란 그 규칙을 몰라서 신기하게 여겨지는 현상일 뿐이다.

호그와트 마법 학교는 마법사 양성 학교다. 마법이라는 게 그럴싸한 주문과 함께 지팡이를 멋지게 휘두르면 된다고 생각한다면 큰 착각이다. 해리도 처음에는 그렇게 생각했었다. 마법을 쉽고 간단하게 생각했던 그는 많은 걸 공부해야 한다는 걸 깨닫는다. 수요일 자정에는 망원경으로 밤하늘을 관찰하며 행성의 움직임을 배워야 했다. 약초에 대한 공부도 빼놓을 수 없다. 성 뒤편의 온실에 나가 기이하게 생긴 식물과 곰팡이를 가꾸는 방법 그리고 그 쓰임새를 배우고 익혀야 했다. 빗자루를 타고 날아오르는 것에도 배움과 연습이 필요했다.

••••••••
37 실수와 허수를 합한 꼴로 표현되는 수. a, b를 실수, i를 허수 단위라고 할 때, a+bi의 꼴로 나타내지는 수를 말한다.

마법 세계마저도 거저 되는 건 없었다.

하나의 세계가 형성되고 유지되기 위해서는 규칙이 필요하다. 마법 세계도 그랬다. 호그와트 마법 학교는 학생들이 이 점을 충분히 이해하고 몸으로 익히도록 다양한 과목을 가르쳤다. 입학 전 준비물을 보면 책이 꽤 많다. 마법이나 변신술처럼 구체적인 마법 책도 있지만 마법의 이론이나 역사, 약초나 동물에 관한 책도 있다. 망원경이나 저울, 약병과 같이 엄밀한 관찰과 실험을 위한 도구도 포함돼 있다. 위대한 마법사가 되려면 두루두루 알아야 하고, 세밀하고 정확한 지식을 갖춰야 했다.

정말로 위대한 마법사에게는 논리마저 필요하다. 마법사의 돌을 지키기 위한 과정에서 출제된 약병 문제를 생각해 보라. 그 문제가 위대한 마법사인지를 검증하는 자리에서 나왔다는 건 의미심장하다. 해리의 친구 헤르미온느는 논리적이지 못했던 많은 마법사가 그곳에 갇히게 될 거라고 했다. 정말 위대한 마법사라면 논리적인 사고까지도 할 수 있어야 한다.

수학은 논리 또는 규칙이 전부인 세상이다. 마법 같은 생각의 세계이지만 논리를 벗어나서는 안 된다. 비논리적인 생각은 수학에 끼어들 틈이 없다. 마법을 위해 지팡이나 빗자루 같은 최소한의 도구가 필요하듯이, 수학에서 지켜야 할 최소한의 자격은 논리적 규칙이다. 수학의 세계에 입문하려는 자는 최소한의 언어와 규칙을 배워야 한다. 그게 바로 수학이다. 규칙을 모르면 수학 역시 신비한 마법처럼 보인다.

《해리 포터》의 최고 묘미는 현실과 마법이 절묘하게 뒤섞여 있다는 점이다. 현실과 마법은 전혀 다른 세계이지만, 그 공간은 분리되어 있지 않다. 마법 세계는 플라톤의 이데아처럼 그 어딘가에 독립적으로 존재하지 않는다. 우리가 살아가는 현실적 공간이 마법 세계와 교차할 뿐이다.

마법사에게 소식을 전해 주는 전달자는 부엉이다. 마법사를 위한 은행은 런던 지하철보다 수백 킬로미터 아래에 있다. 해그리드는 머글이라고 부르는 인간들과 섞여 기차를 타고 런던으로 간다. 벽을 돌려 마법 세계로 들어가 갖가지 마법 용품을 산 뒤, 다시 기차를 타고 가져온다. 머글 세계의 돈과 마법 세계의 돈이 혼용되고 있다.

마법과 현실의 공존은 현실적 공간을 달리 보게 해 준다. 마법 같은 일이 자신에게, 그것도 바로 옆에서 일어날 것 같다. 부엉이, 빗자루, 기차와 같은 사물이 말을 걸어오고, 건물 벽을 밀치면 다른 세계로 통할 것만 같다.

9와 3/4 승강장은 참 기막힌 설정이다. 현실과 마법 세계의 공존을 잘 보여 준다. 현실의 승강장은 모두 자연수다. 3/4이라는 분수는 자연수와 자연수의 틈새에 존재한다. 9와 3/4 승강장은 틈새를 타고 가야 하는 마법 세계에 너무나 잘 어울린다. 이처럼 마법 세계는 현실의 틈새에 존재한다. 허름하고 작아서 빨리 지나가는 사람들은 알아채지 못하는 골목 안의 술집과 같다. 관심을 갖고, 찾고, 들여다보는 사람 이외에는 이용할 수 없다.

수학도 현실과 매우 긴밀한 관계가 있다. 수학이 현실과 무관한 학문이 되었다지만 현실에서 완전히 분리될 수 없다. 현실은 수학의 모태이자 기반이다. 수학은 여전히 현실로부터 많은 문제를 공급받고 있다. 수학과 현실의 접촉면은 여전히 두텁다. 현실과 수학은 겹치고 뒤섞여 있다.

마법 세계는 현실과 다르지만 또 다른 현실이기도 하다. 현실이 너무 지루하고 답답해서, 현실에 너무 많은 제약이 있어서 반작용으로 만들어 낸 세계다. 현실을 넘어서고픈 현실적 열망이 마법을 창조해 냈다. 작가 조앤 롤링(Joan K. Rowling)이 어려운 현실 속에서 해리 포터라는 판타지를 창작한 것도 그런 이치다. 현실적이고 경험적인 철학과 과학이 발달해 온 영국이지만 《걸리버 여행기》, 《지킬 박사와 하이드》, 《이상한 나라의 앨리스》, 《반지의 제왕》 같은 걸출한 판타지를 배출한 것도 같은 맥락이 아닐까 싶다.

미운 오리 새끼, 해리 포터

미운 오리 새끼였던 해리가 백조가 될 수 있었던 데에는 덤블도어 교수의 도움이 결정적이었다. 천덕꾸러기 취급을 받으며 불쌍하게 살아가던 해리의 삶은 마법 학교 입학을 알리는 편지로 인해 달라졌다. 덤블도어는 호그와트 마법 학교의 교장으로서 해리가 훌륭한 마법사가 될 수 있도록 물심양면으로 돕는다. 해그리드를 통해 해리를 보살피게 했고, 해리의 아빠가 썼던 투명 망토를 몰래 건네줬으며, 소망의 거울을 보고 상심한 해리를 따뜻한 말로 위로하며 꺼내 줬고, 해리가 악당 마법사인 볼드모트와 싸울 때 그를 구해 줬다.

처음에 해리는 마법 세계를 향한 여행을 두려워했다. 있지도 않은 9와 3/4 승강장에서 벽에 부딪칠까 봐 겁먹었다. 탐탁지 않았던 현실이긴 했지만, 낯선 세계에 발을 내딛는다는 게 쉬울 리 없었다. 부딪칠 준비를 하고 달려가 해리는 결국 9와 3/4 승강장에 무사히 도착한다. 마법 학교에 와서도 해리의 걱정은 계속 되었다. 경험도 아는 것도 없어서 학교를 계속 다닐 수 있을지 반신반의했다. 덤블도어는 이모든 과정을 지켜보며, 직간접적으로 해리를 도와줬다. 해리는 위대한 스승인 덤블도어가 있었기에 위대한 마법사가 될 수 있었다.

배움에 있어서 선생의 영향은 절대적이다. 학창 시절, 선생님이 어떤 분이냐에 따라 그 과목에 대한 선호도가 달라지는 경험은 누구에게나 있다. 학생도 선생 하기 나름이다. 수학의 역사에서도 그런 선생을 만나 수학이라는 마법의 세계에 입문한 오리 새끼가 있다.

피타고라스에게는 에라토클레스라는 제자가 있었다. 이 제자는 피타고라스를 만나기 전 운동선수였다. 그가 운동하는 걸 지켜본 피타고라스는 이 젊은이가 자신을 다스릴 줄 아는 예사롭지 않은 재능을 지녔음을 알아봤다. 이 젊은이를 탐낸 피타고라스는 묘안을 짜냈다. 그가 돈이 궁해서 힘들게 지낸다는 걸 알고 숙소와 생필품을 제공하고, 공부할 때마다 돈도 지불하겠다고 했다. 예상대로 그 젊은이는 피타고라스의 제안을 받아들였다. 그는 스승으로부터 산수와 기하, 주판 놓는 법의 기초와 방정식을 배웠다. 더불어 돈도 받았다. 스승의 가르침에 젖어 들어갈 무렵 피타고라스는 폭탄선언을 했다. 돈이 다 떨어져 가니 더 이상 수업을 할 수 없다고 말이다.

에라토클레스는 이미 돈보다 스승의 가르침을 더욱 사모하던 처지였다. 그에게 돈은 더 이상 중요치 않았다. 그는 자기가 돈을 지불할 테니 계속 공부할 수 있게 해 달라고 졸랐다. 그는 더욱 열정적인 학생이 됐고 스승을 끝까지 따랐다. 고향을 떠나 피타고라스와 함께 이탈리아의 크로톤까지 동행했고, 피타고라스학파의 사상을 다룬 단편도 세 개나 저술했다.

소크라테스로 인해 수학에 눈을 뜬 종도 있었다. 플라톤의 대화편 《메논》에는 소크라테스와 메논이라는 종의 대화가 등장한다. 소크라테스는 메논에게 지식이란 잃어버린 영혼의 기억을 되살리는 거라며 그 증거를 제시한다. 그는 메논을 불러 정사각형 하나를 그린 후 "이 정사각형 넓이의 두 배가 되는 정사각형의 변의 길이는 어떻게 되냐"고 묻는다. 메논은 "넓이가 두 배이니 길이도 두 배이면 될 것"이라고 바로 대답한다. 길이와 넓이의 관계를 모른 상태에서 내놓은 오답이었다.

오답을 내놓은 메논에게 소크라테스는 틀렸다고 바로 지적하지 않았다. 그의 답변대로 정사각형의 길이를 두 배로 늘인 다음 넓이도 두 배가 되는지를 확인시켜 줬다. 메논은 눈으로 결과를 직접 보고 나서 자신의 답이 틀렸음을 알았다. 이어지는 대화를 통해 그는 결국 답을 찾아냈다. 처음 정사각형의 대각선이 넓이가 두 배가 되는 정사각형의 변이 되어야 한다는 것을! 주인을 잘 만난 덕에 메논은 자신의 무지를 자각하고 온전한 앎의 세계에 이를 수 있었다.

루도비코 페라리(Ludovico Ferrari)도 수학자 스승을 만나 성공한 종이었다. 페라리는 당대의 기인이자 수학자였던 카르다노를 찾아가 일자리를 달라고 문을 두드렸다. 카르다노는 다재다능한 인물이었지만 행실이 괴팍했다. 그런데 카르다노가 까치 소리를 들어 뭔가 좋은 일이 있을 거라고 생각하던 차에 페라리가 찾아왔고, 그는 페라리를 심부름할 종으로 받아들였다. 그러다 카르다노는 이 소년이 비범하고 똑똑하다는 것을 곧 알아챘다. 주인과 종으로 시작됐던 그들의 관계는 스승과 제자의 관계로 바뀌었고, 페라리는 수학의 역사에 한 획을 긋는 업적을 남겼다.

카르다노가 크게 관심을 갖고 있던 문제는 방정식의 해법이었다. 특히 당대에 벌어졌던 수학 전투에서 승리하여 유명해진 니콜로 타르탈리아(Niccoló Tartaglia)의 3차방정식에 관심을 두었다. 협박도 하고, 조르기도 하고, 거의 간청하다시피 하여 카르다노는 이 해법을 건네받았다. 카르다노는 그의 새로운 제자 페라리에게도 해법을 알려줬고, 이들은 이후 협력하여 해법의 범위를 더욱 확장해 나갔다.

그런데 타르탈리아는 모든 3차방정식의 해법이 아니라 특정한 형태의 3차방정식만 풀 수 있는 해법을 발견한 상태였다. 이 상태에서 카르다노와 페라리는 모든 3차방정식을 풀 수 있는 일반 해법을 발견하는 쾌거를 이뤘다. 모든 3차방정식을 타르탈리아가 풀었던 3차방정식의 형태로 치환함으로써 가능해진 것이다. 그들의 공동 연구는 여기에서 그치지 않았다. 그 여세를 몰아 그들은 4차방정식의 해법마저도 발견했다. 2차방정식 이후 지지부진하던 방정식의 역사는 순식간에 3차와 4차를 넘어 5차방정식으로 진입했다. 제자의 재능을 알아보고 이끌어 낸 카르다노의 안목 덕분이었다.

데카르트도 그의 종을 수학의 세계로 인도한 전력이 있다. 데카르트에게는 결혼하지 않았지만 함께 지냈던 헬레네라는 여인이 있었다. 그 여인은 사실 하녀였는데, 데카르트와 헬레네 사이에는 딸 프랑신이 있었다. 데카르트는 딸을 무척 사랑했다. 그런데 불행하게도 프랑신은 만으로 여섯 살이 못 되어 죽고 만다. 딸의 죽음이 얼마 지나지 않아 데카르트의 누나도 세상을 떠났다. 크게 상심한 데카르트는 공부에서 위안을 찾으려 했다. 이때 그는 하인 장 지요를 발견하게 됐다. 하인을 빼고는 이야기를 나눌 상대가 없던 차에 데카르트는 지요가 수학에 재능이 있다는 걸 알아챘다. 그는 지요에게 많은 문제를 내 주었고, 지요는 그것을 잘 풀어 냈다. 데카르트는 지요가 수학을 해야 할 사람이라고 확신했다.

지요는 데카르트의 기대에 부흥할 정도로 성장했다. 데카르트는 친구 크리스티안 하위헌스(Christiaan Huygens)에게 지요가 자신의 유일한 제자라고 편지를 써서 보냈다. 이 편지 덕분인지 지요는 훗날 하위헌스뿐만 아니라 당대의 쟁쟁한 수학자와 함께 일했다. 결국에는 포르투갈의 왕실 수학자 자리까지 차지하게 됐다.

수학과 무관했던 이들마저도 선생을 잘 만나 수학의 세계를 맛보았다. 사회적 신분은 자유를 빼앗긴 종이었지만, 수학적 재능을 통해 사고의 자유를 맘껏 누릴 수 있었다. 마음씨도 좋고, 수학적 재능을 잘 살려 주는 주인을 만났기에 가능한 일이었다. 훌륭한 선생의 중요성은 아무리 강조해도 지나치지 않는다. 위대한 수학자들 앞에는 대개 수학의 장엄한 세계를 선보이고 소개해 준 선생이 있었다.

피타고라스는 탈레스의 제자였고, 아르키메데스는 아버지가 천문학자였다. 스리니바사 라마누잔(Srinivasa Ramanujan)의 재능을 알아보고 후원해 준 건 고드프리 하디(Godfrey H. Hardy)였고, 여성인 소피아 코발레프스카야(Sophia Kowalewskaja)를 수학자로 거듭나게 해 준 건 카를 바이어슈트라스(Karl Weierstrass)였다.

선생이 아니라 책이나 교육 기관이 그 역할을 대신하기도 했다. 유클리드의 《원론》은 수많은 사람들에게 영감과 자극을 준 대표적인 책이다.

선생을 통해 제자는 성장했고, 때로는 선생을 넘어서면서 위대한 수학자의 반열에 올라섰다.

수학의 세계는 사고의 자유가 보장되는 마법 같은 세계다. 생각하고 생각되는 모든 것들이 살아 움직여 현실이 된다. 우리는 자신이 생각하는 대로 수학을 활용할 수 있다. 일상의 문제 해결을 위해, 우주의 비밀을 파헤쳐 보기 위해, 자신의 상상력을 무한의 극단까지 밀고 가 보기 위해, 그저 아름다움을 탐구하기 위해, 심지어는 인간과 삶의 성찰을 위해.

그러나 수학의 세계 역시 누리는 자의 것이다. 제아무리 수학이 신통방통하다 한들 그 맛과 멋을 경험해 보지 못한 자에게는 입에 발린 말에 불과하다. 오히려 어렵고 지루하고 따분한 수학을 그렇게 포장해 놓은 것이 아닌가 의심하게 한다.

우리네 현실에서 수학은 중요하다. 입시에서 비중이 크고 변별력을 높여 주는 과목이기 때문이다. 그 이유가 전부이다. 수학이 신비하고 기이한 학문일 수 있다는 상상은 찾아보기 힘들다. 해리 포터의 더즐리 부부처럼 틀에 박혀 있는 지극히 일상적인 모습이 수학의 전부라고 여긴다. 더즐리네의 계율처럼 수학에는 질문이 허용되지 않는다. 연습과 숙달이 있을 뿐이다. 수학이 달리 보이고 움직인다는 말은 이상한 소리에 불과한 것 같다.

어디에나 틈은 있게 마련이다. 작고 초라하고 보이지 않는 틈, 9와 3/4 승강장을 통해 수학이라는 마법의 세계가 열릴 수 있다. 그 틈을 통해 해리 포터 같은 아이들은 자신의 새로운 재능을 발견하고, 자신감을 갖고, 자신의 삶을 당당하게 살아갈 것이다.

수학에도 호그와트 마법 학교와 덤블도어 같은 스승이 출현할 때가 됐다. 현실과 뒤섞여 있지만 현실과는 다른 수학을 소개해 주는 곳, 학생의 몸과 마음의 결을 따라 수학적 재능을 키워 주는 스승. 그곳에서 우리는 좌충우돌하면서 수학이란 마법을 배우고 익히며, 그 맛을 느껴 갈 것이다. 맛을 본 자는 그 맛을 쉽게 잊지 못한다. 그 맛을 더 강렬하게 느끼고 싶어서 열정적으로 도전해 간다. 그사이 그는 마법에 익숙해지고, 결국 위대한 마법사가 될 것이다.

수학이 마법처럼 즐겁고 신비로운 세계, 그곳으로 통하는 틈을 찾자. 그리고 찾았다면 9와 3/4 승강장을 향해 힘껏 뛰어 들자!